Beton

Anregungen zur Verbesserung des Materials

Ein Ergänzungsheft zu

Vorlesungen über Eisenbeton

Erster Band, 2. Auflage

Von

Dr.-Ing. E. Probst

ord. Professor an der Technischen Hochschule in Karlsruhe

Mit 7 Textabbildungen

1.—3. Tausend

Springer-Verlag Berlin Heidelberg GmbH 1927

ISBN 978-3-662-36189-4   ISBN 978-3-662-37019-3 (eBook)
DOI 10.1007/978-3-662-37019-3

Softcover reprint of the hardcover 2nd edition 1927

Vorwort.

Eine große Zahl von Veröffentlichungen in Buchform und in den
Zeitschriften während der letzten Jahre beweist, daß die Fachwelt die
Bedeutung des Materials für die weitere Entwicklung des Beton-
und Eisenbetonbaues erkannt hat.

Die Ergebnisse der Arbeiten des von mir geleiteten Instituts für
Beton- und Eisenbetonbau veranlassen mich, diejenigen Angaben der
2. Auflage meines Ende 1923 erschienenen ersten Bandes der „Vorlesungen über Eisenbeton" zu ergänzen, die bei einer Reihe von Fragen
einer Klärung nähergebracht wurden.

Die Sicherheit und gleichzeitig die Wirtschaftlichkeit verlangen, daß bei jeder Baukonstruktion zuerst die Zweckfrage beant-
wortet wird. Erst der Verwendungszweck ermöglicht die Wahl
der geeigneten Zusammensetzung des Betons. Je nachdem man
ein Material von hoher Elastizität und Festigkeit oder von großer Dichtigkeit oder beides gleichzeitig verlangt, wird man darnach die Richtlinien für die Zusammensetzung, Bereitung und Verarbeitung des
Betons zu suchen haben. In diesem Sinne lasse ich alle Materialfragen
im Rahmen von allgemeinen Aufgaben behandeln.

Weitere Arbeiten sind in meinem Institut im Gange oder in Vor-
bereitung. Das vorliegende Ergänzungsheft hat daher nur den Zweck,
Veraltetes oder Überholtes auszuscheiden und bis heute geklärte, neuere
Gesichtspunkte und Richtlinien zusammenzufassen.

Es ist mir ein Bedürfnis, meinem Assistenten Dr.-Ing. A. Hummel
an dieser Stelle für seine wertvolle Mitarbeit und die exakte Durchführung der zahlreichen Untersuchungen der letzten Jahre zu danken.

Karlsruhe, März 1927

Der Verfasser.

Inhaltsverzeichnis.

1. Zusammensetzung von Beton.

(Die Begriffe Wasserzementfaktor und Konsistenz.)

Die Zusammensetzung von Beton wird zweckmäßig in folgender Form ausgedrückt:

1 Teil Zement : m Teilen Zuschlagsmaterial $(1 : m)$ in allen denjenigen Fällen, wo letzteres als Ganzes angeliefert wird. Wo Sand und Kies oder Sand und Schotter getrennt angeliefert werden, bringt man das Mischungsverhältnis dementsprechend zum Ausdruck; man sagt $1 : m : n$, wo m die Anzahl Raum- oder Gewichtsteile Sand (5—7 mm größter Korndurchmesser) und n den Gehalt an gröberem Zuschlag über 7 mm angibt. Die Zusammensetzung von fertigem Beton wird in Kilogramm Zement pro Kubikmeter Beton ausgedrückt. Daraus erkennt man, ob es sich um zementreichen (fetten) oder zementarmen (mageren) Beton handelt.

Ein Zusatz von Traß, Kalk od. a. m. wird in der Regel besonders kenntlich gemacht.

Bei der Herstellung und Verarbeitung von Beton haben sich in neuerer Zeit manche Anschauungen verändert oder geklärt. Auf der einen Seite bleibt die Forderung einer möglichst vollkommenen Verkittung aller feinen und groben Zuschläge durch den Zement. Daraus ergeben sich bestimmte Forderungen für die notwendige Kornabstufung der Zuschlagstoffe.

Neben einer möglichst guten Verkittung verlangt man je nach dem Verwendungszweck des Betons außer einer bestimmten Festigkeit auch eine bestimmte Konsistenz des Materials. Die Zuschlagstoffe müssen daher auf ihre konsistenzbildenden Eigenschaften hin untersucht werden.

Die zur Verarbeitung von Beton notwendige Wassermenge haben wir bisher in Prozenten, nach Gewichts- oder Raumteilen des trockenen Mischgutes ausgedrückt.

Ein neuer, von den Amerikanern eingeführter Ausdruck ist der Begriff Wasserzementfaktor (W.Z.F.), der das Verhältnis der Zement- zur Wassermenge (Z/W oder auch umgekehrt W/Z) angibt. Man spricht von Wasserzementfaktoren von 0,3 bis 1,4, je nachdem es sich um trocken bis naß verarbeiteten Beton handelt. Aus dieser Angabe ist zu erkennen, welcher Art die aus Zement und Wasser gebildete eigentliche Kittmasse ist, die die Zuschlagselemente miteinander verkittet.

Ausgehend von dem erdfeuchten Beton, der soviel Wasser enthält, daß er sich mit der Hand noch ballen läßt, bis zu dem ganz nassen Beton, der einen Überschuß von Wasser enthält, gibt es je nach dem Verwendungszweck eine ganze Reihe von Zwischenstufen von mehr oder minder dickflüssigem Material. Man bezeichnet den Grad der Verarbeitbarkeit als Konsistenz, die von dem Wasserzusatz, indirekt auch von der Art des Bindemittels und des verwendeten Zuschlagsmaterials abhängig ist. Sie wird durch die Verwendungsart und die Möglichkeit der Verarbeitung des Betons bestimmt.

Bei feinerer Mahlung oder bei höherer Abbindetemperatur braucht das Bindemittel mehr Wasser als bei gröberer Mahlung. Ebenso verlangt sandreiches Zuschlagsmaterial mehr Wasser als grobgekörntes, um eine bestimmte Konsistenz des Betons zu erzielen. Man weiß auch, daß z. B. gebrochenes Material, wie Steinschlag und Splitt mehr Wasser erfordert als Kies und Sand.

Da das Zusammenwirken dieser Faktoren aber sehr verwickelt ist, muß nachdrücklichst vor jeder Schematisierung gewarnt werden, wie dies durch verschiedene Formeln zur·Vorausbestimmung der Festigkeit zum Ausdruck kommt, die bald den einen bald den anderen Faktor unberücksichtigt lassen müssen.

Unter diesen Umständen dürfte die Konsistenzprüfung bei Untersuchungen an Beton mit verschiedenen Zusammensetzungen eine zuverlässigere Grundlage für den Vergleich der Ergebnisse ermöglichen als jede Formel.

Bedenkt man, daß jedes Gramm Wasser, mehr als für die Verarbeitung des Bindemittels notwendig ist, zu einer Verringerung der Festigkeit des Betons beiträgt, so wird man als obersten Grundsatz für die Herstellung eines guten Betons festhalten müssen, niemals mehr Wasser zuzusetzen, als für einen bestimmten Verwendungszweck unbedingt notwendig ist.

Man beachte ferner, daß zur Herstellung der meisten Betonbauwerke gleichartiges Material bezüglich Dichtigkeit und Festigkeit notwendig ist. Dies ist nur möglich, wenn die Konsistenz gleichbleibt.

Es empfiehlt sich sonach, die Konsistenz nachzuprüfen. Es bestehen eine Reihe von Konsistenzprüfungsmethoden, die von nordamerikanischen Fachleuten eingeführt wurden.

In erster Linie zu nennen ist die von Prof. Abrams empfohlene, in Amerika häufig angewandte, neuerdings auch in Deutschland benutzte „Slump" oder „Setzprobe". In eine Blechschalung von der Form eines abgestumpften Kegels, dessen Abmessungen aus Abb. 1a ersichtlich sind, wird der Beton unter normiertem Einstochern mit einem

Rundeisenstab eingefüllt. Nach beendeter Füllung wird die Blechschalung in genau vertikaler Richtung nach oben herausgezogen. Je nach der Konsistenz wird der Betonkuchen mehr oder weniger zusammensinken. Das Setzmaß kann zwischen 0 und 28 cm wechseln und gilt als ein Maßstab für die Konsistenz des Betons.

Da das Ergebnis der Setzprobe ziemlich stark von Zufälligkeiten beim Einfüllen des Betons wie auch bei der Verteilung der Gesteins-

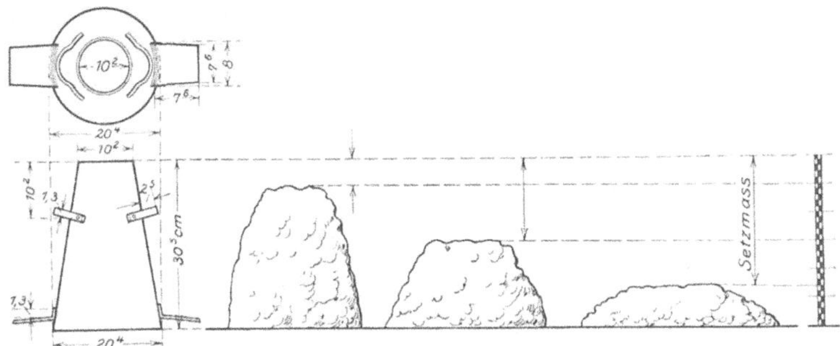

Abb. 1 a. Setzprobe.

körner abhängig ist, wurde in Amerika eine andere Art der Konsistenzmessung, diejenige mit dem Fließtisch, eingeführt. Der Fließtisch ist in Abb. 1 b dargestellt. Als Einfüllschalung wird ein etwas niedrigerer, abgestumpfter Kegel verwendet.

Nach Abheben der Blechschalung wird der Beton mit Hilfe des Fließtisches mehrmals gerüttelt. Die seitliche Kurbel wird 15 mal 10 Sek. gedreht, wodurch die den Beton tragende Unterlagsplatte durch

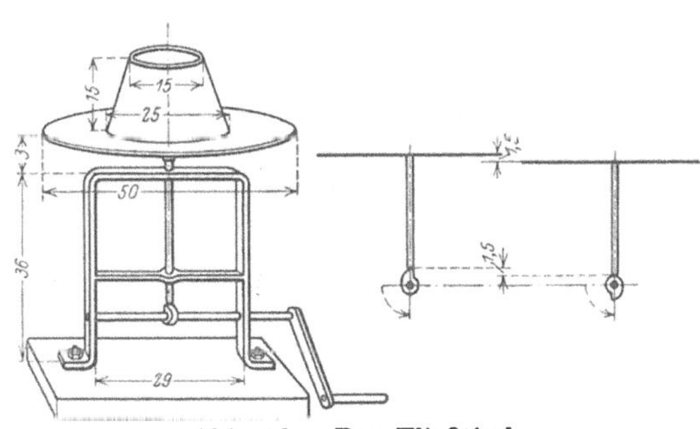

Abb. 1 b. Der Fließtisch.

eine Nase an der Welle des Hebels jedesmal gehoben wird und sodann 1,5 cm frei fällt. Durch diesen Prozeß wird das Zusammensinken und die Ausbreitung des Betonkuchens herbeigeführt.

Die Konsistenz wird bei dieser Probe nicht aus dem Setzmaß bestimmt. Sie ist das Verhältnis des unteren Kuchendurchmessers nach dem Rüttelprozeß zum unteren Durchmesser der Blechschalung. Dieses Verhältnis mit 100 multipliziert bezeichnet man als die Konsistenzzahl des Betons.

Es ist einleuchtend, daß sowohl hier wie bei der Setzprobe die Konsistenzzahl von der Größe der Blechschalung abhängig ist. Konsistenzzahlen ohne Angabe der Größe der verwendeten Blechform haben daher geringen Wert, es sei denn, daß die Blechschalung normiert wird.

Die vorstehend beschriebenen Konsistenzprüfungen liefern sehr brauchbare Werte bei weichem und flüssigem Beton. Bei trockenem Beton liefert die Setzprobe kein Ergebnis, weil der Kuchen die Form der Blechschalung behält. Beim Fließtisch sind die Ergebnisse an trockenem Beton ebenfalls unbrauchbar, weil der Kuchen auseinanderfällt. Lediglich bei sehr sandreichem Beton, wie er praktisch nicht verwendet werden sollte, liefert der Fließtisch auch an erdfeuchten Massen brauchbare Ergebnisse.

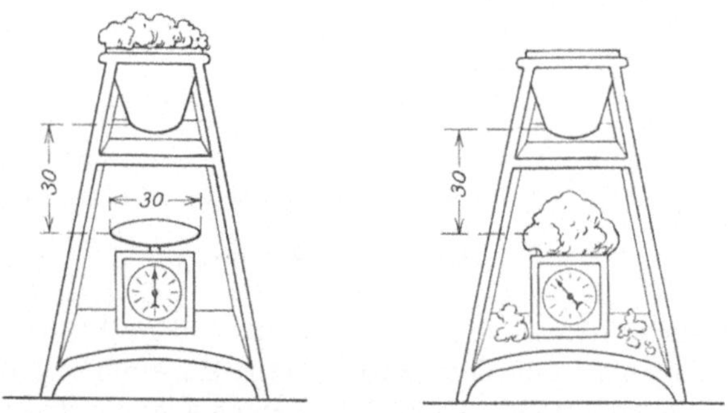

Abb. 1c. Konsistenzwage.

Der beschränkte Gültigkeitsbereich der Setzprobe und des Fließtisches hat in Amerika zu einer dritten Methode, der Messung mit der Konsistenzwage, geführt (Abb. 1c).

Über einem Kasten mit Federwage befindet sich eine kreisrunde Eisenplatte von 30 cm Durchmesser. Darüber ist ein Trichter angeordnet, dessen Ausguß 30 cm von der Oberfläche der Kreisplatte entfernt liegt und durch einen Blechschieber verschlossen werden kann. Der zu prüfende Beton wird in den Trichter eingefüllt, der ungefähr 20 kg Beton fassen kann. Nach Öffnen des Schiebers fließt der Beton auf die Kreisplatte, die ihre Last erst der Federwage mitteilt, nachdem ein Nasenhebel ausgelöst wird. Das Gewicht des auf der Kreisplatte liegenbleibenden Betons gilt als Maß für die Konsistenz.

Wenn auch die Ergebnisse befriedigend sein sollen, so muß es als zweifelhaft gelten, ob der Apparat bei trockenen Mischungen besser arbeitet als z. B. der Fließtisch.

Von den amerikanischen Konsistenzprüfmethoden haben sich da und dort die Setz- und Fließtischprobe in Deutschland eingeführt. Die Materialprüfungsanstalt in Stuttgart hat eine Änderung vorgenommen, indem sie einen Kuchen von der hohen Form des „Slump‘

auf einem Rütteltisch aus Holz bearbeitet. Der Rütteltisch besteht aus einer mit einem Blech beschlagenen Holzplatte, die mit zwei an einer Kante befindlichen Scharnieren mehrmals gekippt wird. Der darauf liegende Kuchen wird bei dem Verfahren exzentrisch beansprucht, so daß der Beton manchmal einseitig ausfließt. Bei Vergleichen mit dem amerikanischen Fließtisch, der den Kuchen zentrisch rüttelt, gebührt der letzteren, ursprünglichen Methode der Vorzug.

Endlich soll noch die gelegentlich angewandte ausgesprochene Baustellenmethode der Eindringungsprobe erwähnt werden, die selbstverständlich auf sehr weiche Mischungen beschränkt bleibt und außerdem mehr als die übrigen Methoden von dem Größtkorn im Zuschlag abhängig ist.

Neben einer im Laboratorium für Vergleichsuntersuchungen wertvollen Grundlage bietet die Konsistenzmessung weiterhin die Möglichkeit einer raschen und einfachen Kontrolle für die Gleichmäßigkeit des Betons auf der Baustelle.

Es muß aber darauf hingewiesen werden, daß alle Arten von Konsistenzprüfungen zur Beurteilung der Güte des im Bauwerk verarbeiteten Betons nur mit größter Vorsicht verwendet werden dürfen. Es kann z. B. nicht gleichgültig sein, ob man den zu prüfenden Beton beim Auslauf aus der Maschine oder aus der Gießrinne oder der Verarbeitungsstelle entnimmt. Zweckmäßig wird man die Probe aus dem eben verarbeiteten Beton entnehmen müssen.

2. Bindemittel.

Bei den im Bauwesen zur Verwendung gelangenden Bindemitteln unterscheidet man die unselbständig erhärtenden und die selbständig erhärtenden Bindemittel. Erstere erhärten nur unter Mitwirkung der Luft, genauer gesagt, der Kohlensäure der Luft; zu ihnen gehören die Fett- oder Weiskalke, die deshalb auch Luftkalke genannt werden. Die selbständig erhärtenden Bindemittel (hydraulische Bindemittel) tragen nach Zugabe des Anmachwassers alle zu Erhärtung führenden Eigenschaften in sich und erhärten deshalb auch unter Luftabschluß. Für die Betonbereitung kommen nur die selbständig erhärtenden, also hydraulischen Bindemittel in Frage.

Bei den hydraulischen Bindemitteln unterscheidet man die hydraulischen Kalke (Wasserkalke), die Grenzkalke oder zementartigen Bindemittel (Naturzemente, Romanzemente, Puzzolanzemente, Traßzemente, Schlackenzemente) und die eigentlichen Zemente, die Portlandzemente, die Hüttenzemente (Eisenportlandzemente, Hochofenzemente) und die Tonerdezemente.

Die hydraulischen Kalke werden aus tonigen Kalken durch Brennen unterhalb der Sintergrenze und nachheriges Löschen, soweit dieses noch möglich ist, gewonnen. Die Naturzemente (Romanzement, Dolomitzement) entstehen auf dem gleichen Wege aus besonders günstig zusammengesetzten natürlichen Gesteinen. An die Stelle des Löschens tritt der Mahlprozeß.

Die künstlichen Grenzkalke gewinnt man durch mechanische Vermischung von Kalkhydrat mit Puzzolanerde, Traß oder Hochofenschlacke. Man spricht dann je nach dem Zusatz von Puzzolanzement, Traßzement, Schlackenzement, welch letzterer nicht zu verwechseln ist mit dem anders hergestellten und mit anderen Eigenschaften behafteten Hochofenzement.

Beton, der unter Verwendung der eben genannten hydraulischen Kalke und Grenzkalke hergestellt wird, bezeichnet man als Kalkbeton Diesem sind wegen der Eigenschaften der betreffenden Bindemittel relativ niedere Festigkeiten und langsames Fortschreiten der Erhärtung zu eigen.

Portlandzemente sind Bindemittel, die aus Kalkmergeln geeigneter Zusammensetzung oder aus künstlichen Mischungen von Ton und kalkhaltigen Naturgesteinen durch Brennen bis zur Sinterung im Schacht- oder Drehofen und darauffolgende Feinmahlung gewonnen werden. Zu beachten ist bei den Zementen das Brennen bis zur Sinterung, im Gegensatz zu dem Brennprozeß bei den hydraulischen Kalken, wo die Temperatur unterhalb der Sintergrenze bleibt.

Die wesentliche Zusammensetzung eines Portlandzementes ist:

18 bis 27% Kieselsäure (SiO_2)   4 bis 11% Tonerde (Al_2O_3)
2 „ 5% Eisenoxyde (Fe_2O_3)   56 „ 67% Kalk (CaO).

Außerdem können bis zu 5% Magnesium und $2^1/_2$% Schwefelhydrat enthalten sein.

Das Verhältnis von Kalk zu Kieselsäure + Tonerde + Eisenoxyd wird hydraulischer Modul genannt; er liegt beim Portlandzement zwischen 1,7 bis 2,4. (Nach der Begriffserklärung von Portlandzement in den Normen für Durchführung und Prüfung von Portlandzement soll ein Portlandzement nicht weniger als 1,7 Gewichtsteile Kalk auf 1 Gewichtsteil Kieselsäure + Tonerde + Eisenoxyd enthalten. Ferner darf nach dieser Begriffserklärung dem Portlandzement zu besonderen Zwecken nicht mehr als 3% Zusätze gegeben werden.)

Das spezifische Gewicht von Portlandzement ist verschieden, je nachdem es an geglühtem oder ungeglühtem Zement festgestellt wird, es hält sich etwas über 3.

Die oben angegebenen chemische Zusammensetzung qualifiziert ein Bindemittel noch keineswegs als Portlandzement. Es gibt hydraulische Kalke mit ganz ähnlichen Zusammensetzungen, so daß also eine chemische Analyse allein zur Erkennung eines Bindemittels nicht ausreicht. Aus diesem Grunde werden vom Portlandzement noch eine Reihe von physikalisch-mechanischen Eigenschaften verlangt.

In den deutschen Normen für einheitliche Lieferung und Prüfung von Portlandzement sind Grenzen für die Mahlfeinheit, die Abbindezeit und die Festigkeit von Zement, ermittelt an Mörtel des Mischungsverhältnisses 1 : 3, angegeben.

Ferner sind in den Normen Forderungen über eine gewisse Raumbeständigkeit der Zemente enthalten. Kuchen aus reinem Zement, mit

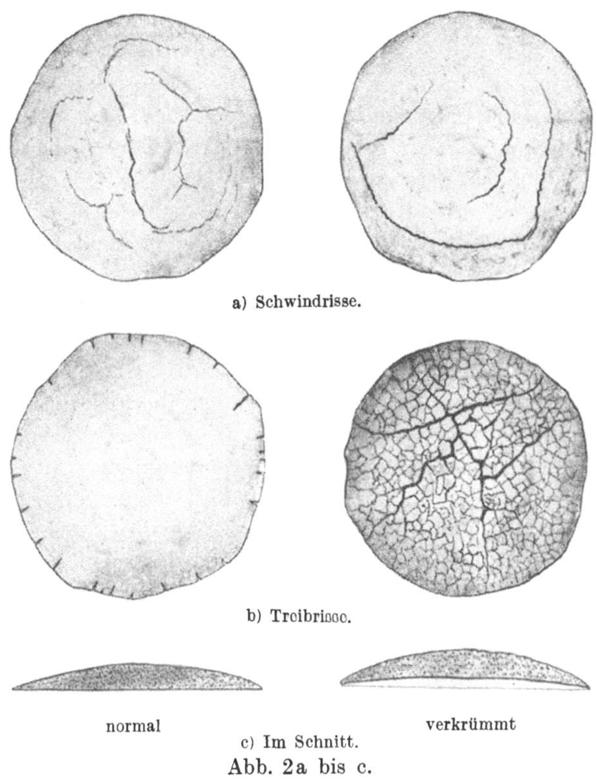

a) Schwindrisse.

b) Treibrisse.

normal   verkrümmt
c) Im Schnitt.
Abb. 2a bis c.

Wasser zur Normalkonsistenz angesetzt, sollen sich weder verkrümmen noch zerklüften. Ein Zement, der einen zerklüfteten Kuchen ergibt, wird Treiber genannt. Die Ursache der Zerklüftung liegt in falscher chemischer Zusammensetzung des Zementes (bei zu hohem Kalkgehalt „Kalktreiber", bei zu hohem Gipszusatz „Gipstreiber") oder in zu schwachem Brand. (Siehe Abb. 2a bis c). Frische Zemente neigen zum Treiben, weshalb die Zemente im allgemeinen nicht vor 14 Tagen bis 3 Wochen nach ihrer Herstellung verwendet werden sollen.

Hochwertige Portlandzemente werden aus denselben Rohmaterialien wie die gewöhnlichen Portlandzemente hergestellt; sie sind jedoch sorgfältiger aufbereitet. Ferner werden diese Zemente beträchtlich feiner gemahlen als die gewöhnlichen Portlandzemente. Der hydraulische Modul der hochwertigen Portlandzemente liegt im allgemeinen an der oberen Grenze des für den Portlandzement angegebenen Bereichs. Hochwertige Portlandzemente werden als Normalbinder hergestellt, d. h. sie binden nicht schneller als gewöhnlicher Portlandzement ab. Nach erfolgtem Abbinden vollzieht sich jedoch die Erhärtung beträchtlich rascher, so daß schon nach 3 bis 5 Tagen Festigkeiten ermittelt werden, die denjenigen des gewöhnlichen Portlandzementes nach ca. 28 Tagen gleichkommen. Wenngleich die Festigkeitszunahmen bei hochwertigen Portlandzementen nach dem 7. Tage hinter derjenigen des gewöhnlichen Portlandzementes zurückbleiben, so liegen doch die Endfestigkeiten des ersteren stets höher als diejenigen des letzteren.

Hochwertige Portlandzemente bieten mancherlei Vorteile. Sie ermöglichen kürzere Entschalungsfristen und eine Erhöhung der zulässigen Beanspruchungen oder kleinere Querschnittsabmessungen.

Zu erwähnen ist, daß die Steigerungen der Zugfestigkeit von hochwertigen Zementen nicht derjenigen der Druckfestigkeit entspricht.

Eine weitere Art hydraulischer Bindemittel sind die Eisenportlandzemente. Bei ihrer Herstellung werden die hydraulischen Eigenschaften abgeschreckter, granulierter Hochofenschlacke zunutze gemacht. Eisenportlandzement wird durch innige Vermischung von 70% Portlandzement und 30% feinstgemahlener granulierter Hochofenschlacke hergestellt. Es ist ausdrücklich zu betonen, daß dieser Schlackenzusatz nicht eine gewöhnliche Streckung des Portlandzementes bedeutet.

In physikalisch-mechanischer Hinsicht werden an die Eisenportlandzemente dieselben Anforderungen bezüglich Raumbeständigkeit, Abbinden und Festigkeit gestellt wie für den Portlandzement. Das Gebiet der praktischen Anwendung der Eisenportlandzemente unterscheidet sich von dem der Portlandzemente nicht.

Der Hochofenzement entsteht durch innige Mischung von mindestens 15% Portlandzement, der bis 30% anwachsen kann, mit mindestens 70% feinstgemahlener basischer Hochofenschlacke. Es ergibt sich schon aus der Betrachtung der Herstellung dieses Zementes, daß er zu den kalkarmen und kieselsäurereichen Zementen gehört, weshalb er gegen chemische Angriffe durch Sulfate widerstandsfähiger ist als Portlandzement. Allerdings verzögert er nur die Angriffe, die im Laufe der Zeit auch bei Hochofenzement eintreten. Hochofenzemente können mehr Magnesia und Sulfate enthalten als Portlandzement, ohne daß sie unbrauchbar werden. Die Normenvorschriften für den Hochofenzement gleichen in mechanischer Hinsicht denen des Portlandzementes mit dem Unterschied, daß sein spezifisches Gewicht etwas geringer ist (2,85 bis 3), und die Mahlfeinheit so sein soll, daß der Rückstand auf dem 4900-

Maschen-Sieb höchstens 12% betragen soll. Wegen der Kalkarmut und des Kieselsäurereichtums dieser Zemente gehören sie zur Kategorie der Langsambinder. Der Hochofenzement ist in der Farbe heller als der Portlandzement.

Der sog. Erzzement, bei dem die Tonerde durch Oxyde von Eisen, Mangan, Nickel, Kobalt und Chrom ersetzt wird, ist gleichfalls widerstandsfähiger gegen Sulfatangriffe als Portlandzement. Von der Herabsetzung des Tonerdegehaltes wird die Verringerung der Bildung des sog. Kalktonerdesulfats erwartet, dem die Zerstörung von Beton bei Sulfatangriffen zugeschrieben wird.

Der Tonerdezement ist ein ganz anderes Produkt als alle bisher erwähnten Zemente. Die Ausgangsprodukte sind Bauxit, Schiefer, Kalkstein und Schlacke, die nach Vormahlung und inniger Vermischung bis zum Schmelzpunkt (nicht nur bis zur Sinterung) erhitzt werden. Aus diesem Grunde tragen solche Zemente auch Namen wie Schmelzzement (auch Ciment fondu oder, weil der Brand in elektrischen Schmelzöfen erfolgt, auch Ciment electrique). Seine Farbe ist stahlgrau bis blauschwarz. Seine chemische Zusammensetzung ist:

5 bis 15% Kieselsäure	35 bis 45% Tonerde
10 „ 15% Eisenoxyde	35 „ 40% Kalk,

d. h. die Bestandteile des fertigen Zementes sind dabei wie beim Portlandzement, jedoch liegen die Mengenanteile weit außerhalb der Grenzen, wie sie oben für den Portlandzement angegeben worden sind. Die Tonerdezemente sind wegen des geringen Kalkgehaltes und wegen ihrer sonstigen Zusammensetzung sulfatbeständig.

Der Tonerdezement geht auf eine Erfindung des Franzosen Jules Bied aus dem Jahre 1908 zurück, wird aber erst in neuerer Zeit in größeren Mengen hergestellt und in den Handel gebracht. Er wurde zuerst in Frankreich und in der Schweiz hergestellt, seir 2 bis 3 Jahren fabriziert ihn auch Amerika und neuerdings kam auch in Deutschland unter dem Namen Alca-Zement ein Tonerdezement auf den Markt.

Die Tonerdezemente gehören zu den hoch- und höchstwertigen Zementen. Abbindebeginn und Abbindezeit sind normal. Nach beendetem Abbinden erhärten diese Zemente außerordentlich rasch.

Eine Nebeneinanderstellung von den Normeneigenschaften der drei besprochenen Zemente, wie sie einer Untersuchung im Institut des Verfassers entnommen ist, zeigt insbesondere die Unterschiede in den Festigkeiten. Allerdings gibt es hochwertige Zemente mit noch höheren Druckfestigkeiten.

	Gewöhnlicher Portlandzement	Hochwertiger Portlandzement	Tonerdezement
Siebrückstand:			
900 Maschen	0,8%	0,165%	2,5%
4900 „	13,6%	0,75 %	10,0%

	Gewöhnlicher Portlandzement	Hochwertiger Portlandzement	Tonerdezement
Spez. Gewicht:			
Angeliefert	3,05	3,05	3,15
Geglüht	—	—	—
Litergewicht:			
Eingesiebt	958 g/l	960 g/l	1046 g/l
Eingerüttelt	1438 g/l	1490 g/l	1625 g/l
Abbindezeit			
(bei ca. 25% Wasserzusatz):			
Beginn nach	2½ St.	4 St. 45 Min.	2 St. 27 Min.
Ende nach	8¾ St.	9 St. 15 Min.	4 St. 54 Min.
Zugfestigkeit 1:3:			
1 Tag komb. Lagerung . . .	9,4 kg/qcm	—	34,6 kg/qcm
3 „ „ „ . . .	21,2 „	28,6 kg/qcm	31,4 „
14 „ „ „ . . .	39,5 „	44,0 „	39,5 „
28 „ „ „ . . .	40,6 „	45,6 „	40,8 „
90 „ „ „ . . .	42,9 „	48,6 „	55,2 „
Druckfestigkeit 1:3:			
1 Tag komb. Lagerung . . .	75 kg/qcm	—	434 kg/qcm
3 „ „ „ . . .	190 „	349 kg/qcm	535 „
14 „ „ „ . . .	420 „	601 „	665 „
28 „ „ „ . . .	477 „	651 „	680 „
90 „ „ „ . . .	510 „	677 „	689 „

Bei Luftlagerung war bei einem anderen Tonerdezement

nach 14 Tagen eine Druckfestigkeit von 607 kg/qcm, eine Zugfestigkeit von 42,4 kg/qcm,

nach 28 Tagen eine Druckfestigkeit von 727 kg/qcm, eine Zugfestigkeit von 47,8 kg/qcm.

Bei Wasserlagerung

nach 14 Tagen eine Druckfestigkeit von 557 kg/qcm, eine Zugfestigkeit von 32,7 kg/qcm,

nach 28 Tagen eine Druckfestigkeit von 687 kg/qcm, eine Zugfestigkeit von 32,7 kg/qcm.

Bei Wasserlagerung scheint also bei Tonerdezement wie bei anderen Zementen die Festigkeit kleiner zu sein als bei Luftlagerung.

Beim Abbinden von Tonerdezement fällt eine beträchtliche Erwärmung auf. Bei Versuchen in meinem Institut sind Abbindetemperaturen an 1000 g Zement bis 113° C beobachtet worden. Solche beträchtlichen Temperaturerhöhungen sind bei allen übrigen Zementen nicht im entferntesten beobachtet worden. Beim gewöhnlichen Portlandzement sind die Abbindetemperaturerhöhungen ganz selten über 10° C, während beim hochwertigen Portlandzement gelegentlich Temperaturen bis ca. 60° C, also Temperaturerhöhungen von 40 bis 45° C vorkommen (Abb. 3). Es ist zu beachten, daß diese Erwärmungen beim Abkühlen zu Spannungen führen können.

Die hohen Festigkeiten, die beträchtlichen Anfangsfestigkeiten sowie eine hohe Beständigkeit gegenüber Angriffen von Magnesiumsulfat machen den Tonerdezement zu einem für die Praxis wertvollen hydraulischen Bindemittel. Betonpfähle aus Tonerdezement konnten bereits nach zwei Tagen gerammt werden.

Der im Vergleich mit Portlandzementen hohe Preis des Tonerdezementes (3- bis 4fach) hat dazu geführt, ihn mit gemahlenem Quarz-

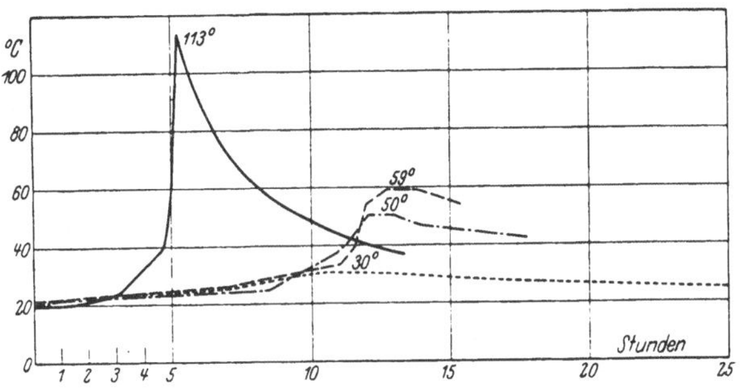

Abb. 3. Abbindetemperaturen.

——————— Tonerdezement;   – – – – – – – hochwertiger Portlandzement;   · · · · · · · · · · · · gewöhnlicher Portlandzement.

sand zu strecken. Die Festigkeiten eines solchen gestreckten Zementes sind immer noch recht beträchtlich und halten einen Vergleich mit hochwertigem Portlandzement gut aus.

Auf die Sonderzemente, wie Sikofixzemente, Titanzemente, Säurezemente, Solidititzemente soll hier nicht weiter eingegangen werden. Der Solidititzement ist ein hochwertiger Zement, der neuerdings namentlich zu Straßenbauten bei uns Verwendung findet als sog. Solidititbeton.

Bei der Beurteilung von Zementen ist darauf zu achten, daß die Methoden der Prüfung nach den Normen in verschiedenen Staaten voneinander abweichen. Die Verschiedenheit der zur Prüfung der Festigkeiten von Mörtel verwendeten Normalsande, die Herstellung und Lagerung der Normenkörper sind bei Vergleichen zu berücksichtigen.

Z.B. werden in Deutschland die Normenkörper mit dem Böhmeschen Hammerapparat eingeschlagen, während in der Schweiz und Österreich die Fallramme verwendet wird.

Ferner ist der deutsche Normalsand bedeutend gröber als der Schweizer Normalsand. Auch die Forderungen über Glühverluste, Gehalt an fremden Stoffen und Abbindezeiten sind in den einzelnen Staaten oft beträchtlich verschieden. Während bei der Festigkeitsermittlung in Deutschland, der Schweiz und Österreich die Druckfestigkeiten und die Zugfestigkeiten ermittelt werden, sehen die Zementnormenvorschriften Englands und Amerikas nur die Ermittelung der Zugfestigkeiten vor. In manchen Staaten werden nicht allein die Festigkeiten an einem Mörtel des Mischungsverhältnisses 1 : 3 in Gewichtsteilen, sondern auch die des reinen Zementes ohne Sandzusatz (z. B. argentinische Normen) ermittelt.

Auch die Mörtelkonsistenz ist bei den Vorschriften der einzelnen Staaten oft recht verschieden. Während wir in Deutschland immer noch den erdfeuchten Mörtel der Normenprüfung zugrunde legen, haben andere Staaten auch die Prüfung von plastischem Mörtel in ihre Vorschriften aufgenommen. Vom Standpunkte des Verbrauchers wäre eine Prüfung des Zementes in plastischer Verarbeitung viel zutreffender, weil dann der Zement in demselben Zustand zur Prüfung kommen würde, wie er in der Praxis, namentlich im Eisenbetonbau, in den allermeisten Fällen zur Verwendung kommt.

Bei Bestrebungen, einheitliche internationale Bestimmungen zur Prüfung der Zemente festzulegen, wäre für Mörtelprüfungen in erster Linie die gleiche Kornzusammensetzung der Normalsande zu fordern. Ebenso wäre eine Vereinheitlichung der Konsistenz und der Festigkeitsproben zu erstreben.

Die chemischen Vorgänge beim Abbinde- und Erhärtungsprozeß sind wenig geklärt. Zu achten ist auf das sog. Umschlagen. Zemente, die anfänglich normalbindend waren, werden plötzlich auf bisher noch nicht geklärte Weise zu Schnellbindern, was besonders gelegentlich in heißen Sommerzeiten vorgekommen ist.

Je nach der Abbindezeit unterscheidet man Schnellbinder, Normalbinder und Langsambinder. Schnellbinder sind solche, die schon nach wenigen Minuten mit dem Abbinden beginnen, sie werden deshalb in der Praxis nur in Sonderfällen, z. B. bei Quellenabdichtungen Verwendung finden können, wobei sie sehr rasch verarbeitet werden müssen, damit sie nicht schon im Anmachgefäß erstarren. Normalbinder sind solche, deren Abbindebeginn nach 2 bis 3 Stunden erfolgt, Langsambinder solche, die erst nach einer noch höheren Zeitspanne abzubinden beginnen. Die gewöhnlichen Handelszemente sind Normal- bis Langsambinder. Das Abbinden von Zement ist in erster Linie abhängig von der chemischen Zusammensetzung der Zemente. Kieselsäurereiche und kalkarme Zemente binden langsamer ab als kalk- und tonerdereiche Zemente. Der Abbindeprozeß kann durch chemische Zusätze verändert werden, Alkalien, Ätzalkalien, Alaun, Kochsalz beschleunigen das Abbinden; Sulfate, Eisenvitriol, Gips verlängern den Abbindeprozeß. Die Eigenschaft von Gips, den Abbindeprozeß zu verlängern, wird bewußt bei kalkreichen Zementen, wie z. B. bei den hochwertigen Portlandzementen, ausgenutzt. Ferner wird der Abbindeprozeß durch den Grad der Mahlfeinheit von Zement beeinflußt. Bei zunehmender Mahlfeinheit wird der Abbindeprozeß beschleunigt. Des weiteren ist der Abbindeprozeß abhängig von der Menge des Anmachwassers und der Temperatur der Mischung. Der Abbindeprozeß verläuft bei steigendem Wasserzusatz langsamer, während er durch steigende Temperatur beschleunigt wird. Bei Frosttemperaturen, die das Wasser in Eis verwandeln, wird der Abbindeprozeß solange unterbrochen, als das Wasser nur in Eisform vorhanden ist. Nach dem Schmelzen des Eises setzt sich der Abbindeprozeß fort. Da allerdings die Eisbildung stets mi teiner Volumenvergrößerung des Wassers verbunden ist, lockert der Gefrierprozeß stets die im Abbinden begriffene Zementpaste und beeinträchtigt so ihre Struktur.

Die sämtlichen, bis jetzt bekannten Zemente, haben die Eigenschaft, beim Abbinden und Erhärten Volumenveränderungen durchzumachen. Sie verringern ihr Volumen oder schwinden, wenn der Zement oder Beton an der Luft erhärtet; sie vergrößern ihr Volumen oder schwellen bei Erhärtung unter Wasser und erleiden gemischte Volumenveränderungen (bald Schwinden, bald Schwellen) bei gemischter Lagerung. Die Größe der Volumenveränderungen und ihr Verlauf mit der Zeit ist nicht allein bei den verschiedenen Zementen, sondern auch bei verschiedenen Bränden ein und desselben Zementes verschieden. Sie ist abhängig von der chemischen Zusammensetzung des Zementes. So zeigen z. B. Zemente mit niederem Kalkgehalt größeres, mit größerem Kalkgehalt geringeres Schwinden. Kieselsäure- und Tonerdeanreicherung sollen das Schwinden erhöhen, während Gipszusätze wiederum das Schwinden verringern. Es ist allerdings bisher nicht gelungen, diese Erkenntnisse so zu verwerten, daß bewußt und willkürlich Zemente bestimmter Volumenveränderungseigenschaften hergestellt werden könnten.

Zu besonderen Zwecken werden den Zementen noch besondere Zusätze zugegeben. In erster Linie zu nennen ist hier der Traß.

Traß ist ein hydraulischer Zuschlag, der besonders bei Wasserbauten zugesetzt wird. Er ist kein selbständiger Mörtelbildner; er hat aber hydraulische Eigenschaften, d. h. er besitzt die Eigenschaft, in Verbindung mit Kalken selbständig zu erhärten. Ähnliche Eigenschaften haben die Puzzolan- und Santorinerden, weshalb sie ebenso wie der Traß zur Herstellung künstlicher hydraulischer Kalke Verwendung finden.

In Deutschland kennen wir den rheinischen und bayrischen Traß. Als Zusatz zum Zement verwendet, hat der Traß infolge seiner freien Kieselsäure die Eigenschaft, den im Zement und Beton beim Erhärtungsprozeß freiwerdenden Kalk zu binden und auf diese Weise die Kalkausblühungen zu verringern. Neben dieser chemischen Wirkung hat der

Traß noch die Eigenschaft, den Mörtel bzw. den Beton plastischer und namentlich etwas wasserdichter zu machen.

Traßzusätze haben allerdings nur einen Sinn bei den kalkreicheren Zementen. Zu den kalkarmen Zementen, wie z. B. dem Hochofenzement, Traß zuzusetzen, ist zwecklos. Ganz unmöglich sind Traßzusätze zu Tonerdezement. Auch bei den übrigen Zementen sollte der Traßzusatz nicht zu hoch bemessen werden. Seine Aufgabe wird der Traß erfüllen, wenn Verhältnisse von Zement : Traß wie 1 : 0,25 bis 0,5 angewendet werden.

3. Das Zuschlagsmaterial.

Der Wert der Kornzusammensetzung.

a) Allgemeines.

Allgemein kommen als Zuschlagsstoffe alle diejenigen natürlichen oder künstlichen Stoffe in Frage, die selbst eine genügende Eigenfestigkeit aufweisen und nicht durch ihre chemische Zusammensetzung den Verfestigungsprozeß des Mörtels bzw. Betons stören oder behindern. Es kommen in Betracht:

Von Naturgesteinen: Granit, Gneis, Basalt, Porphyr, Grünstein, Grauwacke, Quarzit, Quarz, Kalkstein, Sandtsein und zwar entweder in der Form, wie sie die heutigen Flußläufe als Geschiebe (Fluß-Kiessand) liefern, oder wie sie aus den früheren Flußläufen heute als Grubenkiessand gewonnen werden können, oder schließlich in künstlich gebrochenem Zustande. Als weiterer natürlicher Zuschlag ist noch zu nennen der vulkanische Bimssand, der ein Zuschlag für ausgesprochenen Leichtbeton darstellt.

Außer den Naturgesteinen werden noch Hochofenschlacke, Kesselschlacke, Klinker und Ziegelschotter in seltenen Fällen, wie bei Stahlbeton, auch metallische Zuschläge verwendet.

In Ergänzung des bisher über das Zuschlagsmaterial Bekannten sei darauf hingewiesen, daß die Frage der Verwendung der Hochofenschlacke durch wertvolle Untersuchungen im Forschungsinstitut in Düsseldorf einer Klärung entgegengeführt wird. Es ist gelungen, mit Hilfe ultravioletter Strahlen gewisse Unterschiede zwischen beständiger und unbeständiger Schlacke zu erkennen. Dadurch wäre einer Forderung entsprochen, die bei der Verwendung der Hochofenschlacke bisher erhoben wurde. Wieweit sich das Verfahren für die praktische Anwendung wird verwerten lassen, bleibt abzuwarten.

Von der Verwendung mit Portlandzement und verwandten Zementen auszuschließen ist der Anhydrit, weil er zu Gipsbildungen unter Volumenvergrößerungen Anlaß gibt und den Mörtel bzw. Beton zersprengt. Weitere verdächtige Zuschlagsstoffe sind schieferige, stark mergelige, tonige, gipshaltige, schwefelhaltige (Pyrit) Gesteine, die in keinem Falle ohne jeweilige Voruntersuchung zur Betonbereitung verwendet werden sollten.

In chemisch-mineralogischer Hinsicht kann man die brauchbaren Zuschlagsstoffe einteilen in solche, die beim Verfestigungsprozeß des Mörtels oder Betons nicht mitwirken, d. h. nur von dem Zement verkittet werden, und solche, die an der Verfestigung des Mörtels bzw. Betons aktiv beteiligt sind. Die weitaus größere Zahl der erwähnten Zuschlagstoffe gehört zu den ersteren; zu den letzteren gehört namentlich die hydraulische Schlacke, deren freie Kieselsäure sich mit dem freien Kalk des Zementes verbindet und ein Zusatzerhärtungsprodukt bildet. Ein ähnlicher Vorgang liegt vor bei dem Zuschlag zum sog. Solidititbeton, wo unter anderem zur Bildung freier, d. h. reaktionsfähiger Kieselsäure die kieselsäurereichen Zuschlagstoffe stark vorerhitzt werden. Schwach hydraulische Eigenschaften besitzt endlich auch der Ziegelschottersand.

Das genannte natürliche Zuschlagsmaterial bedarf, wenn es durch saure oder salzige Industrieabwässer verunreinigt ist, der chemischen Untersuchung, ebenso wie die Schlacken. Schlacken sind selten frei von Säuren und schwefelsauren Salzen, die schädigend auf Beton einwirken. Ferner enthält besonders die Kesselschlacke noch reichlich brennbare Bestandteile, wie Kohle, die wegen ihrer Weichheit aber auch ihres Schwefelgehalts ungünstig ist. Zum Zwecke der Ausscheidung der schädlichen Bestandteile muß die Schlacke aufbereitet werden. Die Ausscheidung der Säuren und Salze erfolgt durch Waschen; die Kohle wird entweder mit Hilfe des Schwemmverfahrens oder mittels des Kruppschen Magnetscheideverfahrens ausgeschieden. Beim letzteren Verfahren wird der Umstand technisch ausgenutzt, daß die eisenhaltige Schlacke vom Magneten angezogen wird, während die unmagnetische Kohle vom magnetischen Feld unberührt bleibt. — Chemische Verunreinigungen der natürlichen Kiessande kommen mitunter in Industriegegenden vor, sei es, daß der Flußkies durch Abwässer verunreinigt wird, sei es, wie es häufiger und meist gefährlicher ist, daß Kiessandbänke, aus denen Grubenkies gewonnen wird, durch verunreinigtes Grundwasser oder durch Säuren und Salze mitschwemmendes Niederschlagswasser durchsetzt sind. Solche Zuschläge sollten in keinem Falle ohne chemische und mechanische Voruntersuchungen verwendet werden, wenn man sich nicht der Gefahr der späteren Betonzerstörung aussetzen will.

Neben den schon erwähnten Verunreinigungen der Zuschläge durch Säuren und Salze kommen besonders bei den natürlichen Gesteinen noch solche durch Lehm, Schlamm und Humus vor, die bedenklich werden, wenn sie die Oberflächen der Zuschläge bedecken. Sie verhindern dann nicht allein den mechanischen Verband des Zementes mit dem Zuschlag, sondern können u. U. chemische Wirkungen auslösen, die die Güte des Betons beeinträchtigen. Ein sehr geringer Lehmgehalt ist, namentlich wenn der Lehm feucht und fein verteilt ist, ohne Schaden. Der Lehm- und Schlammgehalt kann durch Waschen des Zuschlags verringert werden. Allerdings muß der Wirkungsgrad der Waschmethode überwacht werden. Die Feststellung der Höhe des Schlamm- und Lehmgehaltes erfolgt mit Hilfe der Schlemmprobe.

Humus im Zuschlag wird durch Zugabe von Kalilauge festgestellt, durch die er braun gefärbt wird.

Es möge erwähnt werden, daß die Amerikaner in ihren Vorschriften eine Farbwertuntersuchung zur Prüfung der Zuschläge auf organische Verunreinigungen eingeführt haben. Nach Zugabe einer NaOH-Lösung zum Zuschlag soll die Färbung nicht dunkler werden als eine bestimmte normierte Farblösung. Wird die Lösung dunkler als Normenfarblösung, so wird verlangt, daß der Zuschlag nicht ohne Festigkeitsuntersuchung verwendet werden sollte.

Bei den Zuschlagsstoffen ist noch zu beachten, daß sie sich im Feuer verschieden verhalten. Ganz schlecht verhalten sich die dichten und harten Gesteine, wie Granit, Marmor, Quarz, die im Feuer zerplatzen. Guten Widerstand leisten die im Feuer entstandenen Klinker, Backsteine, Schlacke, Bims; ferner sollen auch Basalt und Porphyr sich im Feuer gut halten. Über die Widerstandsfähigkeit der Kalksteine gehen die Ansichten auseinander.

Sehr verschieden verhalten sich die Zuschläge auch gegenüber Frost. Hier versagen namentlich die geschichteten Natursteine, weil die Schichtenrisse Angriffspunkte für das unter Volumenveränderungen sich bildende Eis bietet.

b) Über die Kornzusammensetzung.

Neben der chemisch-mineralogischen Beschaffenheit der Zuschlagsstoffe spielen eine große Rolle die Korngrößen, die Kornform und die Kornabstufung. Man unterscheidet den feinen Zuschlag oder den Sand, der früher die Korngrößen von 0 bis 7 mm umfaßte, neuerdings — durch die neuen Bestimmungen für die Ausführungen von Eisenbetonbauten vom September 1925 — von 0 bis 5 mm festgelegt ist, und die groben Zuschlagsstoffe, zu denen die Körner von 7 bzw. 5 mm an aufwärts gehören. Man unterscheidet Flußsand, Grubensand, Brechsand einerseits und Kies bzw. Schotter (Splitt) andererseits.

Der Kornform nach sind die Flußgeschiebe (Flußkiessand, Grubenkiessand) von rundlicher Gestalt (kugelig bis scheibenförmig plattig), die gebrochenen Zuschläge (Brechsand, Splitt, Schotter) kantig bis splittig.

Will man sich ein Bild von der Kornzusammensetzung eines Zuschlagsmaterials machen, so bedient man sich der Siebanalyse. Handelt es sich um Kiessand im Anlieferungszustande, so ist darauf zu achten, daß man zur Siebanalyse nur trockenes Material verwenden darf; gegebenenfalls muß es künstlich getrocknet werden. Aus dem Kiessand wird nach der Methode der mehrmaligen Vierteilung eine gute, möglichst große Durchschnittsprobe entnommen. Diese Probe wird der Reihe nach durch einen Siebsatz von der gröbsten bis zur feinsten Maschenweite hindurchgeworfen. Die Rückstände auf diesen einzelnen Sieben werden alsdann gewogen.

Trägt man dann die Siebrückstände als Ordinaten zu den entsprechenden Korndurchmessern auf, so erhält man die Siebkurve.

Zur Frage, welche Maschenweiten zur Durchführung einer solchen Analyse gewählt werden sollen, ist zu sagen, daß sich dies aus dem Einflußwert der Korngrößen aber auch aus praktischen Erwägungen

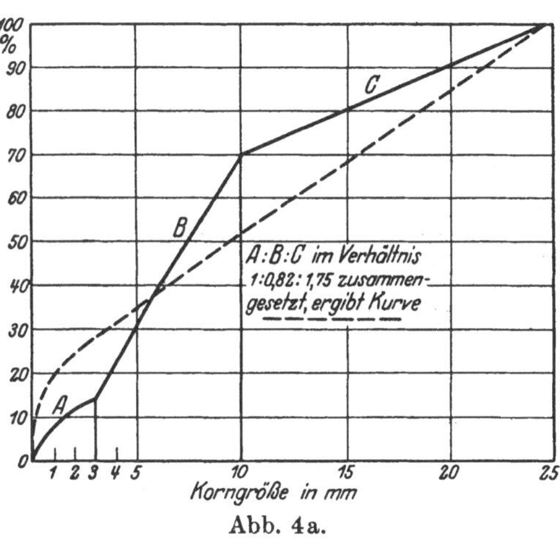

Abb. 4a.

heraus ergibt. Eine all zu enge Unterteilung verbietet sich von selbst. Da die Zusammensetzung der feineren Bestandteile (des Sandes) erfahrungsgemäß von größerem Einfluß ist als die Zusammensetzung der gröberen Bestandteile, so wird man mit der Unterteilung der Siebmaschenweiten beim Sand enger gehen als bei den Grobzuschlägen. Gute Erfahrungen sind mit folgenden Unterteilungen gemacht worden:

0 bis 0,3 mm;	8 bis 16 mm
0,3 „ 0,8 mm;	16 „ 25 mm
0,8 „ 3 mm;	25 „ 38 mm
3 „ 5 mm;	38 „ 51 mm.
5 „ 8 mm;	

Ergibt sich aus der Siebanalyse eines Kiessandes im Anlieferungszustande die Kurve OABC in Abb. 4a, so erkennt man, daß er zu wenig Sand enthält. Außerdem weist die Kurve an zwei Stellen einen kräftigen Knick auf.

Um dieses Zuschlagsmaterial zu verbessern, trennt man das Material durch Absieben nach den drei Ästen *A*, *B*, und *C* innerhalb der Knickstellen unter Bestimmung der Mengenanteile. Im vorliegenden Beispiel nach Abb. 4a würde die Änderung der Anteile von $A : B : C$ wie 1 : 0,82 : 1,75 eine Zusammensetzung nach der strichlierten Linie ergeben. Dadurch würde die Stetigkeit der Linie unter Ausschaltung der drei Knickstellen und ein brauchbarer Sandgehalt erzielt werden. Es ist aber nicht erforderlich, daß die Stetigkeit der Kurve allzu pedantisch angestrebt wird. Man kann sich mit einem Verlauf der Kurven innerhalb des in Abb. 4b angegebenen Flächenbereichs vollauf begnügen, wie dies in dem Institut des Verfassers nach bisherigen Ergebnissen von verschiedenen Untersuchungen für ein Zuschlagsmaterial bis zu einem maximalen Korn von 25 mm festgestellt werden konnte. Es ist dies etwa in dem Umfange, wie es Eisenbetonarbeiten entspricht.

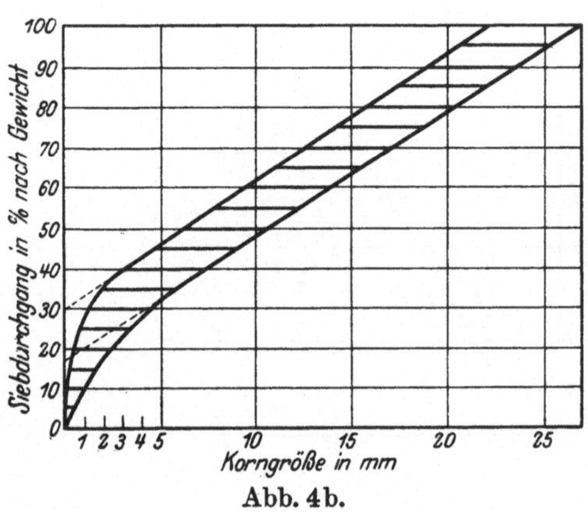

Abb. 4b.

Eine andere Art der Betrachtung der Kornzusammensetzung von Betonzuschlagsstoffen ist die im Sinne des Abramsschen Feinheitsmoduls.

Der Feinheitsmodul eines Zuschlagsmaterials wird ermittelt, indem dieser Zuschlag durch einen normierten Siebsatz geworfen wird. Die Rückstände auf den einzelnen Sieben werden addiert und die Summe durch 100 dividiert.

So besteht der von der Firma Tyler in Nordamerika meist verwandte Siebsatz aus folgenden Sieben:

Maschenweiten des Siebsatzes in mm									Feinheits-modul
0,147	0,295	0,59	1,18	2,37	4,75	9,52	19,05	38,1	

Beispiel für Feinheitsmodul:

	0,147	0,295	0,59	1,18	2,37	4,75	9,52	19,05	38,1	Feinheits-modul
Feiner Sand . . .	82	52	20	0	0	0	0	0	0	1,54
Kies	100	100	100	100	100	95	66	25	0	6,86

Auf diese Weise ergibt sich für Feinsand ein Feinheitsmodul von ungefähr 1,5, für mittleren Sand 2,4, für groben Sand 3,1, für feinen Kies 6,5, für mittleren Kies 6,9 und für groben Kies 7,4.

Selbstverständlich sind diese Ziffern von dem Siebsatz abhängig. Die Annahme einer anderen Siebgrößenordnung oder einer größeren Anzahl von Sieben würde andere Werte für den Feinheitsmodul ergeben.

Aus den Siebsätzen, die das Chemische Laboratorium für Ton-industrie liefert, liegen folgende Siebe in der Nähe der vorstehend angegebenen amerikanischen Siebe:

Maschenweite:
      0,150 0,300 0,60 1,2 2 5 10 20 40 mm

wobei allerdings zu beachten ist, daß die Siebe bis 2 mm Maschenweite quadratische Maschen haben, während die übrigen genannten Siebe Blechsiebe mit kreisrunden Löchern darstellen. Selbstverständlich müssen die mit diesem Siebsatz festgestellten Feinheitmoduli von den amerikanischen Werten etwas abweichen.

Die in nordamerikanischen Literaturangaben genannten Feinheits-moduli beziehen sich auf einen normierten Siebsatz.

Abrams hat gefunden, daß mit Zuschlägen verschiedener Kornzu-sammensetzungen solange gleiche Betonfestigkeiten erzielt werden, als der Feinheitsmodul gleich bleibt und der Beton eine verarbeitbare Konsistenz besitzt. Da er bei seinen Versuchen überall gleiche Wasser-mengen zugesetzt hat, so deckt sich dieses Ergebnis mit unseren Ergebnissen, die noch näher angeführt werden sollen. Daß er aber trotz gleichbleibenden Wasserzusatzes bei ganz verschiedenen Kornzu-sammensetzungen ganz ähnliche Konsistenzen be-kommen haben will, ist nur dann zu verstehen, wenn der Konsistenzbe-griff nicht zu eng gefaßt wird, oder der Bereich der Kornzusammensetzung sehr klein gewählt wird.

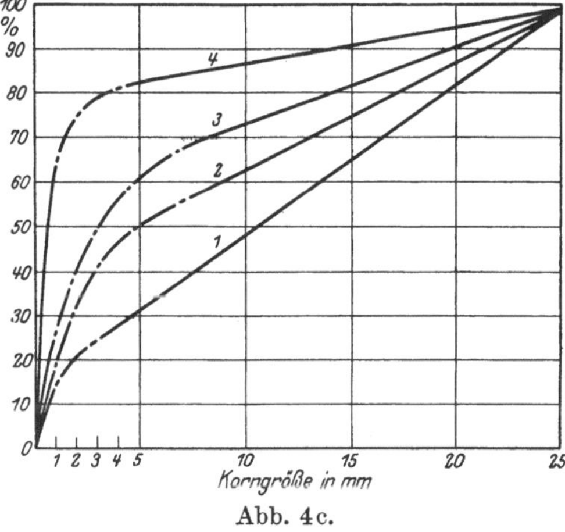

Abb. 4c.

Für eine gute Konsistenzbildung bleibt immer von Bedeutung eine gute Kornabstufung.

Zur Klarlegung der Bedeutung der Kornzusammensetzung möge ein Beispiel dienen: Aus Kiessand der durch nachstehende Kurven 1 bis 4 (Abb. 4c) angegobenen Kornzusammensetzungen wurde ein Beton des Mischungsverhältnisses 1 : 6 in Gewichtsteilen bei 8,15 Gewichtsprozent Wasser hergestellt.

Die Ergebnisse der Untersuchungen einschließlich der 28-Tage-Wür-felfestigkeiten sind folgende:

Zusammenstellung I.

Kornzusammensetzung nach Kurve	Mischungsverhältnis in Gew.-Tln.	Wasserzusatz in Gew. %	Wasserzementfaktor	Druckfestigkeit kg/cdm	Raumgewicht kg/qcm	Betonkonsistenz
1				220	2,39	Stark plastisch
2				210	2,37	Plastisch
3	1 : 6	8,15	0,57	203	2,33	Erdfeucht bis plastisch
4				146	2,16	Erdfeucht, gerade noch zu ballen

Mit den gleichen vier Mischungen wurden unter Änderung des Wasserzusatzes vier Betonarten von der gleichen plastischen Konsistenz hergestellt. Die nachfolgende Zusammenstellung II zeigt insbesondere die Verschiedenheiten der Wasserzementfaktoren und der Würfelfestigkeiten im Alter von 4 Wochen.

Zusammenstellung II.

Kornzusammensetzung nach Kurve	Mischungsverhältnis in Gew.-Tln.	Wasserzusatz in Gew. %	Wasserzementfaktor	Druckfestigkeit kg/qcm	Raumgewicht kg/cdm	Betonkonsistenz
1		7,8	0,52	247	2,40	
2		8,15	0,57	210	2,37	Plastisch
3	1 : 6	8,6	0,60	194	2,32	Konsistenzzahl 147
4		12,8	0,91	94	2,16	

Aus diesem Beispiel geht hervor, in welcher Weise sich der Einfluß der Kornzusammensetzung bemerkbar macht. Wenn wir den Beton nach Kurve 4 (Abb. 4c) außer Betracht lassen, der verschwindend wenig Kies enthält (also im Grunde einen Mörtel darstellt), so sehen wir, daß die Veränderung der Kornzusammensetzung innerhalb der beträchtlichen Grenzen zwischen Kurve 1 und 3 an der Betonfestigkeit wenig ändert, wenn der W.Z.F. gleichbleibt. Dagegen verändert sich die Konsistenz sehr stark, wie dies sich aus der ersten Zusammenstellung (letzte Spalte) ergibt.

Da in der Praxis, je nach dem Verwendungszweck, immer eine ganz bestimmte Konsistenz des Betons gefordert werden muß, so wird man darauf zu achten haben, daß die Kornzusammensetzung des Zuschlagsmaterials die Konsistenzen zu beeinflussen imstande ist.

Aus der ersten Zusammenstellung erkennt man, daß mit zunehmendem Sandgehalt die Konsistenz des Betons trockener wird.

Die Zusammenstellung II läßt erkennen, in welchem Maße die Kornzusammensetzung den für eine bestimmte Konsistenz des Betons notwendigen Wasserzusatz verändert. Zunehmender Sandgehalt erhöht den Wasserzusatz beträchtlich, wenn die Konsistenz gleichbleiben soll. Bei gleichbleibendem Zementgehalt wird daher gleichzeitig der Wasserzementfaktor vergrößert und dementsprechend die Festigkeit verringert, wie aus den Ergebnissen in Zusammenstellung 2 gefolgert werden kann.

Die beiden Beispiele zeigen die Bedeutung der Kornzusammensetzung des Zuschlagsmaterials.

Betrachten wir die in Abb. 4c dargestellten Linien 1 bis 4 für die Kornzusammensetzungen, so ist die Zusammensetzung nach Linie 1 als die günstigste zu bezeichnen, denn sie verlangt den niedrigsten Wasseranspruch und ergibt die größten Festigkeiten. Sie liegt ganz in der Nähe

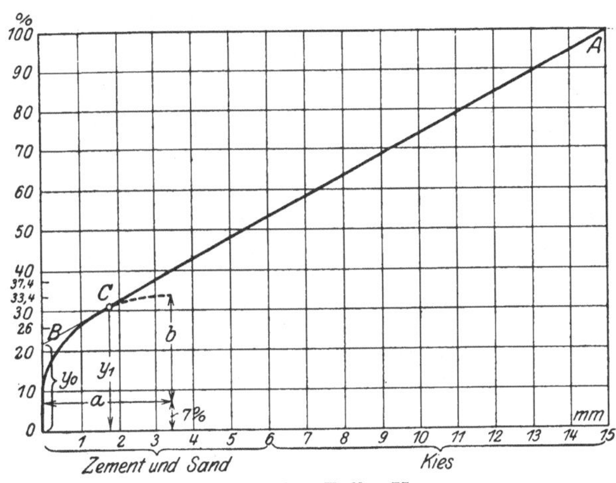

Abb. 4d. Die Fuller-Kurve.

der Kurve, die Fuller als eine günstige Zusammensetzung für Zuschlagsmaterial angegeben hat. Die Linie ist unter dem Namen „Fuller-Kurve" bekannt und ist in Abb. 4d dargestellt und in Bd. I 2. Aufl. S. 69 meiner „Vorlesungen über Eisenbeton" näher erläutert.

Mittelpunkt der Ellipse O auf Ordinate 7.

Für Kies und Sand ist $a = 0,164\,D$; $b + 7 = 35,6$; $y_0 = 26,0$; $y_1 = 33,4$.

Für Steinschlag und Sand ist $a = 0,150\,D$; $b + 7 = 37,4$; $y_0 = 28,5$; $y_1 = 35,7$.

Für Steinschlag und Splitt ist $a = 0,147\,D$; $b + 7 = 37,8$; $y_0 = 29$; $y_1 = 36,1$.

D ist der maximale Korndurchmesser.

Es ist zu beachten, daß die Fuller-Kurve bei gleichem maximalen Korn der Zuschlagsstoffe für verschiedene Arten von Stoffen verschiedene Sandgehalte ergibt. Aus den Ordinaten y_0 bzw. y_1 ergibt sich, daß Kiessandzuschläge relativ am wenigsten, Splitt und Schotter am meisten Sand enthalten sollen. Ferner ist zu beachten, daß die Fuller-Kurve nicht allein die Zuschlagsstoffe, sondern auch den Zement mit einbezieht. Hieraus erklärt sich der hohe Wert für die Feinteile, wie er sich aus der Fuller-Kurve ergibt. Will man also die Kurve für die Kornzusammensetzung der Zuschlagsstoffe allein zeichnen, so hat man den Zement abzuziehen. Für das Mischungsverhältnis 1 : 6 stellt die in Abb. 4c bezeichnete Linie 1 ungefähr die ohne Berücksichtigung des Zementgehaltes veränderte Fuller-Kurve dar.

Die Fuller-Kurve stellt einen untersten Wert für das Verhältnis von Sand : Kies (in Gewichtsteilen) dar, unter den man in der Praxis keinesfalls hinuntergehen sollte, weil der Beton sonst zu grobkörnig und schwer verarbeitbar wird.

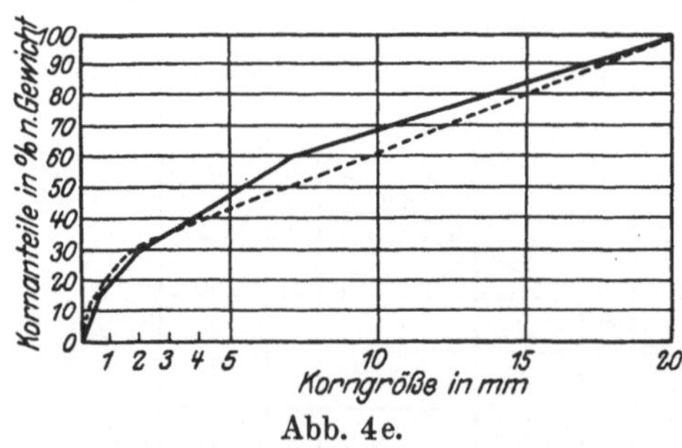

Abb. 4e.

Die in den letzten Jahren bekanntgewordene Grafsche Siebregel geht von der Annahme aus, daß die Abstufung der Grobzuschläge von untergeordneter Bedeutung sei, eine Annahme, für die bisher der Beweis fehlt. Trotzdem empfiehlt Graf die Wahl einer stetigen Unterteilung auch in den Grobzuschlägen mit der Forderung, daß sie allseitig von Mörtel umhüllt sein sollen. Um die größten Mörtelfestigkeiten zu erzielen, schlägt Graf folgende Siebregel vor:

Vom trockenen Mischgut Zement + Sand müssen
25% durch das 900-Maschensieb (0,24 mm Maschenweite) fallen,
35% durch das Sieb mit 1 mm Maschenweite,
65% durch das Sieb mit 3 mm Maschenweite,
100% durch das Sieb mit 7 mm Maschenweite.

Zieht man nach dieser Siebregel bei einem Mörtel des Mischungsverhältnisses 1 : 3 in Gewichtsteilen den Zement ab, so erhält man für den Flußsand von 0 bis 7 mm ungefähr eine gerade Linie als Siebkurve.

Die Hermann-Kurve in Abb. 4e enthält zum Vergleich gleichzeitig den Verlauf der Fuller-Kurve. Die Hermannsche Kurve liegt in der Nähe der Fuller-Kurve und unterscheidet sich von letzterer hauptsächlich dadurch, daß die mittleren Korngrößen von 5 bis 10 mm etwas reichlicher vertreten sind. Mit Rücksicht darauf, daß die Fuller-Kurve beim Beton eine etwas grobe, schwerbewegliche Konsistenz des Betons ergibt, erscheint der Hermannsche Vorschlag zweckmäßig.

All diese Siebkurven und Siebregeln, die in der Reihenfolge ihrer Entstehung dargelegt sind, geben Möglichkeiten, die günstigsten Kornzusammensetzungen zu studieren. Selten wird man auf der Baustelle die gleichen günstigen Voraussetzungen antreffen. Wie weit man sich hier den theoretisch günstigsten Bedingungen anpassen kann, wird nach wirtschaftlichen und örtlichen Erwägungen zu entscheiden sein.

Der Einfluß der Kornform der Zuschläge auf die Konsistenzbildung bei Beton wird durch nachfolgende Untersuchung beleuchtet:

Es wurde Kiessand mit gebrochenem Zuschlag nachfolgender Kornzusammensetzung miteinander verglichen:

von	0	bis	0,3 mm	10% nach Gewicht	von	3 bis	8 mm	16% nach Gewicht
„	0,3	„	0,8 mm	10% „ „	„	8 „	16 mm	25% „ „
„	0,8	„	3 mm	11% „ „	„	16 „	25 mm	28% „ „

Hierbei war der Kiessand von rundlicher, das Brechgut von splittiger Kornform.

Stellt man aus beiden Zuschlägen getrennt einen Beton 1 : 6 in Gewichtsteilen her, so ergeben sich folgende Beziehungen zwischen Betonkonsistenz und dem Wasserzusatz.

Zusammenstellung III.

Betonart	Wasserzusatz in Gew. %	Wasserzementfaktor nach Gewicht	Konsistenzzahl
Kiesbeton 1 : 6 nach Gewicht	6,8	0,48	114
	7,2	0,5	126
	7,5	0,53	145
	7,9	0,55	176
	8,2	0,58	190
	8,6	0,6	210
Schotterbeton 1 : 6 nach Gewicht	12,8	0,9	126
	13,7	0,96	138
	14,6	1,02	147
	15,5	1,08	165
	16,3	1,14	176
	17,2	1,2	205

Die Ergebnisse, in Abb. 4 f veranschaulicht, zeigen, daß zur Erzielung annähernd gleicher Betonkonsistenzen der gebrochene Zuschlag annähernd den doppelten Wasseranspruch als der rundliche Kiessandzuschlag erfordert. Der Wasseranspruch zur Verflüssigung der Konsistenz des Schotterbetons steigt rascher als beim Kiesbeton.

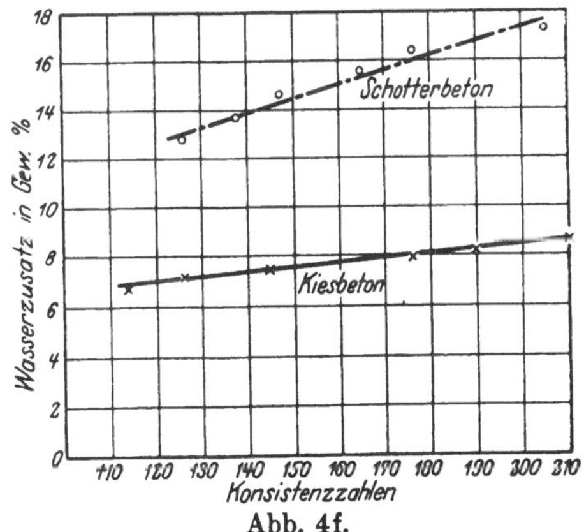

Abb. 4 f.

Danach scheint die rundliche Kornform für die Eigenbeweglichkeit des Betons günstiger zu sein, weil bei der Bewegung nicht allein gleitende, sondern auch rollende

Reibung auftritt. Die die Beweglichkeit behindernde eckige und splittige Kornform beim Beton aus gebrochenem Zuschlag muß daher durch einen entsprechend höheren Wasserzusatz wettgemacht werden.

Die Eigenbeweglichkeit von nassem oder plastischem Beton wird nicht nur durch einen zu hohen Sandgehalt, sondern auch durch die Vergrößerung des maximalen Korns stark verringert. In ausgesprochenem Maße kommt dies bei eckigem und splittigem Zuschlagsmaterial zum Ausdruck.

Die Art der Kornzusammensetzung prägt sich deutlich in dem Raumgewicht des Zuschlags aus, das von dem spezifischen Gewicht, von der Kornabstufung und der Lagerungsdichte abhängt. Unter mineralogisch gleichen Verhältnissen besitzt die am besten abgestufte Kornzusammensetzung das höchste Raumgewicht. So ergab Kiessand aus dem Rhein, nach der Fuller-Kurve zusammengesetzt, das größte Raumgewicht von rd. 2,00.

4. Mischungsverhältnis und Ausbeute von Beton.

Man erkennt aus den vorangehenden Abschnitten, daß es nicht genügt, eine Mindestmenge von Zement auf den Kubikmeter Beton eines

Zusammen-

Zement : Zuschlag bzw. Zement : Sand : Grob-zuschlag in Gewichts-teilen gemischt	Zement : Zuschlag bzw. Zement : Sand : Grob-zuschlag in Raumteilen umgerechnet	entspricht Kilogramm Zement Kubikmeter fertigen Betons	Wasserzement-faktor in Gewichtsteilen	Volumen des fertigen Betons V in Litern
			a) bei Verwendung von	
1 : 6	1 : 3,75	345	0,6	48
1 : 2,22 : 3,78	1 : 1,52 : 2,7			
1 : 8	1 : 5	284	0,7	48
1 : 2,96 : 5,04	1 : 2,04 : 3,6		gießfähig	
1 : 8	1 : 5	288	0,6	39
1 : 2,96 : 5,04	1 : 2,04 : 3,6		plastisch	
1 : 8	1 : 5	282	0,5	48
1 : 2,96 : 5,04	1 : 2,04 : 3,6			
1 : 8	1 : 5	270	0,4	48
1 : 2,96 : 5,04	1 : 2,04 : 3,6			
			b) Bei Verwendung von Fluß-	
1 : 5,4	1 : 2 : 3	388	0,52	70,4
1 : 2,6 : 2,8				
1 : 6,4	1 : 2 : 3	325	0,55	48
1 : 2,6 : 3,8				
1 : 6,4	1 : 2,25 : 3,75	320	0,57	62,4
1 : 2,9 : 3,5				
			c) Bei Verwendung von	
1 : 6	1 : 5	313	0,55	64
1 : 2,2 : 3,8	1 : 1,6 : 3,7		erdfeucht	

bestimmten Mischungsverhältnisses zu verlangen, ohne gleichzeitige Angaben für die Kornzusammensetzung des Zuschlagsmaterials. Ein Blick auf Zusammenstellung II auf S. 20 zeigt, wie bei der gleichen Zementmenge beim Mischungsverhältnis 1 : 6 sich der Wasserzementfaktor und damit zugleich die Festigkeit des Betons ändert.

Die für die Wirtschaftlichkeit wesentliche Ausbeute des Materials wird gleichfalls durch die Kornzusammensetzung und die Kornform stark berührt.

In verschiedenen Lehr- und Taschenbüchern sind z. T. voneinander stark abweichende Angaben über die Ausbeute enthalten. In dem I. Bande der „Vorlesungen über Eisenbeton" habe ich gleichfalls Angaben über den Materialbedarf und die Ausbeute gemacht. Ich habe aber dort schon darauf hingewiesen, daß der Materialbedarf an Bindemitteln und Zuschlagsstoffen von der Mahlfeinheit des Bindemittels, von der Kornzusammensetzung des Zuschlagsmaterials und von der Verarbeitungsweise u. a. abhängt. Wie verschieden die Ausbeute werden kann, geht aus nachfolgender Zusammenstellung IV hervor, bei der der Ausbeutekoeffizient k direkt aus Untersuchungen im Laboratorium bestimmt

stellung IV.

Zur Herstellung des Volumens V benötigte Betonbestandteile in Raumteilen						Ausbeutekoeffizient k	
				Summe		ohne Wasser	mit Wasser
Zement	Sand	Grob-zuschlag	Wasser	ohne Wasser	mit Wasser		
Flußsand und Flußkies							
13,2	20,1	35,0	9,9	68,9	78,8	0,70	0,61
10,55	21,6	38,2	9,25	70,35	79,6	0,65	0,6
8,95	18,3	32,3	6,72	59,55	66,27	0,65	0,59
10,8	22	38,9	6,7	71,7	79,3	0,67	0,61
10,11	21,2	37,9	5,2	69,3	74,5	0,69	0,64
sand und Schotter gemischt.							
19,5	39	58,4	14,1	116,9	131	0,60	0,54
11,2	22,4	45	8,6	78,6	87,2	0,61	0,55
14,3	32,3	53,6	11,4	100,2	111,6	0,61	0,56
Brechsand und Schotter							
15	24,2	55	11	114,2	125,2	0,56	0,51

wurde. Bei der Ermittlung von k wurde die Trennung von Sand und Kies in der Weise vorgenommen, daß die Korngrößen bis 5 mm als Sand und die Korngrößen von Kies und Schotter über 5 mm als Grobzuschläge betrachtet wurden.

Man erkennt aus dieser Zusammenstellung den Einfluß des Wasserzementfaktors und des Sandmaterials einerseits sowie die Art des Grobzuschlags andererseits.

Man wird daraus zu folgern haben, daß der Ausbeutekoeffizient für jedes Material von Fall zu Fall besonders zu bestimmen sein wird, wenn man nicht allzu große Unterschiede zwischen den aus der Literatur übernommenen Zahlen und den tatsächlichen Verhältnissen erhalten will.

5. Die Festigkeit von Mörtel.

Man spricht von den sog. Normenfestigkeiten, wenn der Mörtel aus Zement und Normensand nach den „Normen" verarbeitet wird. Die Festigkeit von Mörtel muß sich ändern, wenn die Verarbeitung mit anderen Sanden und bei höheren Wasserzusätzen als bei der verhältnismäßig trockenen Konsistenz der Normenmörtel erfolgt.

Abrams hat zum erstenmal die Beziehungen zwischen der Festigkeit eines Mörtels und dem Wasserzementfaktor erkannt, die später durch Untersuchungen verschiedener deutscher Laboratorien bestätigt wurden. Verändert man den Wasserzementfaktor bei einem Normenmörtel 1 : 3,

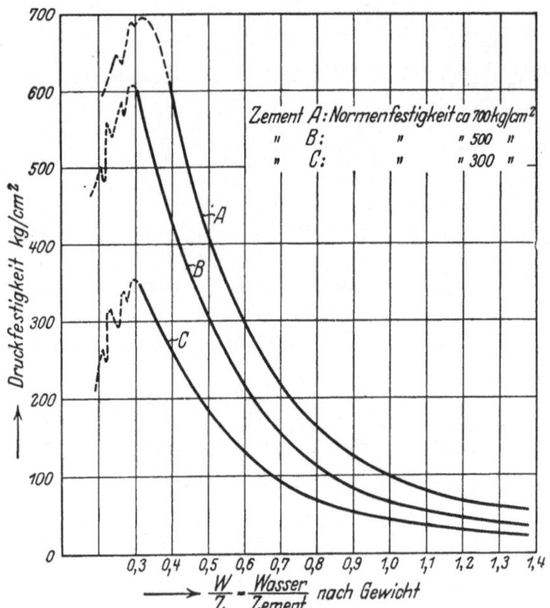

Abb. 5. Beziehungen zwischen Druckfestigkeit und W.Z.F.

so verändert sich die Druckfestigkeit des Mörtels nach den in Abb. 5 dargestellten Linien, die wir Abramssche Kurve nennen können.

Die Linien besagen, daß von einem sehr niedrigen Wasserzementfaktor, der zugleich die Höchstfestigkeit gibt, die **Druckfestigkeit**
des Mörtels rasch **sinkt**. Die jeweilige Druckfestigkeit ist von der Güte
des Zementes abhängig. Für jede Zementart besteht daher eine eigene
Kurve. Die Kurvenscharen verlaufen einander ähnlich, wie Abb. 5
zeigt.

Es muß zunächst auffallen, daß nach dem **Abramsschen Kurven**
nicht der absolute Zementgehalt für die Festigkeit eines Mörtels unmittelbar maßgebend ist, denn der Wasserzementfaktor kann u. a.
sowohl auf die Änderung des Zementgehaltes als auch des Wassergehaltes
zurückgeführt werden. Tatsächlich können bei verschiedenen Mischungsverhältnissen gleiche Druckfestigkeiten erzielt werden, wenn der W.Z.F.

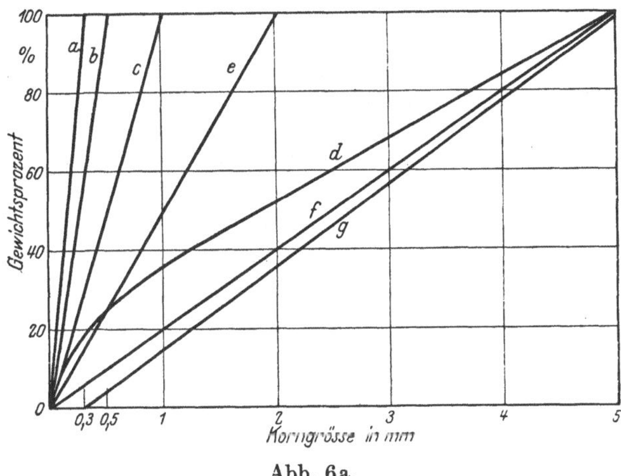

Abb. 6a.

gleichbleibt. Wenn man den absoluten Zement- und Wassergehalt
bei gleichbleibendem W.Z.F. stetig erniedrigt, so kommt schließlich ein
Punkt, wo der Mörtel zu trocken wird und den **Abramsschen Gesetze**
nicht mehr folgt. **Abrams** hat darauf hingewiesen, daß die Kurve **nur**
innerhalb praktisch verarbeitbarer Konsistenzen Geltung
hat.

Wenn die Mörtel**konsistenz** als Basis für Vergleiche gewählt wird.
so erkennt man, daß auch die Körnung des Zuschlags auf die Größe des
W.Z.F. Einfluß hat, wie dies bereits erwähnt wurde. An den Ergebnissen
einer im Institut ausgeführten Untersuchungsreihe (Zusammenstellung V)
mögen die Zusammenhänge erläutert werden.

Mit Sanden verschiedener Kornzusammensetzungen, wie sie durch
die Linien in Abb. 6a dargestellt sind, wurde Mörtel des Mischungsverhältnisses 1 : 3 in Gewichtsteilen hergestellt und jeweils soviel Wasser

Zusammenstellung V.

Zusammensetzung in Gewichtsprozenten (Feinsand kursiv gesetzt)		Raumgewicht d. Sande kg/cdm	Mischungsverhältnis i. Gew.-Teilen	Erdfeuchter Mörtel 1:3 in Gewichtsteilen			Plastischer Mörtel 1:3 in Gewichtsteilen			
				Wasseranspruch Gew.-%	Wasserzementfaktor in Gew.-Teilen	Druckfestigkeit n. 28 Tagen kg/qcm	Wasseranspruch Gew.-%	Wasserzementfaktor in Gew.-Teilen	Konsistenzzahl	Druckfestigkeit n. 28 Tagen kg/qcm
a) *0 —0,3 mm*	*100%*	1,43	1 : 3	13,7	0,55	251	22,5	0,90	160	116
b) *0 —0,3 mm*	*60%*	1,58	1 : 3	13,1	0,525	273	18,7	0,75	160	154
0,3—0,5 ,,	*40%*									
c) *0 —0,3 mm*	*30%*	1,60	1 : 3	10,7	0,425	439	16,3	0,65	160	204
0,3—0,5 ,,	*20%*									
0,5—1 ,,	*50%*									
d) *0 —0,3 mm*	*18%*	1,77	1 : 3	8,8	0,35	521	—	—	—	—
0,3—0,5 ,,	*7%*									
0,5—3 ,,	*11%*									
1 —2 ,,	*16%*									
2 —5 ,,	*48%*									
e) *0 —0,3 mm*	*15%*	1,74	1 : 3	9,4	0,375	555	13,1	0,525	160	267
0,3—0,5 ,,	*10%*									
0,5—1 ,,	*25%*									
1 —2 ,,	*50%*									
f) *0 —0,3 mm*	*5%*	1,68	1 : 3	6,9	0,275	672	12	0,48	150	347
0,3—0,5 ,,	*5%*									
0,5—1 ,,	*10%*									
1 —2 ,,	*20%*									
2 —5 ,,	*60%*									
g) *0 —0,3 mm*	*0%*	1,62	1 : 3	6,3	0,25	585	12	0,48	150	290
0,3—0,5 ,,	*4%*									
0,5—1 ,,	*11%*									
1 —2 ,,	*20%*									
2 —5 ,,	*65%*									

zugesetzt, daß im einen Falle ein erdfeuchter, im anderen Falle ein plastischer Mörtel von bestimmter Konsistenz erzielt wurde.

Im Alter von 28 Tagen wurden die Druckfestigkeiten der verschiedenen Mörtel ermittelt.

Aus Zusammenstellung V ist zu entnehmen:

Die Wasseransprüche der Mörtel nehmen bei erdfeuchter und bei plastischer Konsistenz mit abnehmendem Feinsandgehalt ab.

Die Druckfestigkeiten nehmen innerhalb der hier gewählten Grenzen der Kornzusammensetzungen mit abnehmendem Feinsandgehalt (und als Folge davon mit gleichzeitig abnehmendem Wasseranspruch) bis zu einem gewissen Punkte zu.

Bei gleichem Zementgehalt und gleichem Wasserzusatz können durch Änderung der Kornzusammensetzung des Sandes der Konsistenz nach verschiedene Mörtel aber mit gleicher Druckfestigkeit erzielt werden. Z. B. hat Mörtel b bei einem Wasseranspruch von 13,1% erdfeuchter Konsistenz eine Druckfestigkeit von rd. 270 kg/qcm während Mörtel e bei einem Wasseranspruch von 13,1% plastische Konsistenz und eine Druckfestigkeit von rd. 270 kg/qcm hat.

Bei Mörtelmischungen des Mischungsverhältnisses 1:3 in Gewichtsteilen (= 1:2,5 in Raumteilen) und Verwendung von Flußsand ergeben sich Höchstfestigkeiten, wenn die Siebkurve des Sandes von 0—5 mm ungefähr eine gerade Linie darstellt (vgl. Linie f). Bei diesen Mörtelmischungen beträgt der Feinsand von 0—0,3 mm ungefähr 5%. Bei magereren Mischungen als 1:3 in Gewichtsteilen ist der Feinsand von 0—0,3 mm um den Betrag des wegbleibenden Zementes zu erhöhen. Umgekehrt ist bei fetteren Mörtelmischungen der Betrag des Feinsandes entsprechend zu erniedrigen.

Es soll betont werden, daß sich die vorstehenden Angaben auf Flußsand beziehen. Bei Brechsand ist es empfehlenswert, die für die Siebkurve als günstig angegebene gerade Linie durch eine nach oben leicht gekrümmte Linie zu ersetzen.

6. Festigkeit und Elastizität von Beton.

Wenn auch, wie an anderer Stelle bereits erwähnt wurde, die Zusammensetzung des Mörtels für die Güte von Beton von Bedeutung ist, so sollte man den Einfluß des Grobzuschlags über 5 oder 7 mm weder unterschätzen noch vernachlässigen. Man erkennt dies durch Nebeneinanderstellung der Untersuchungen von Mörtel und des daraus durch Hinzufügen von Grobzuschlag gebildeten Betons.

Auf die Festigkeit und Elastizität von Beton haben unmittelbar oder mittelbar Einfluß

die Zementart, die Zement- und Wassermenge,

der Wasserzementfaktor innerhalb praktisch verarbeitbarer Konsistenzen,

die Zuschlagsart und -menge und ihre Kornzusammensetzung, die Lagerungs- bzw. Nachbehandlungsart des Betons und die Zeit.

An der Hand einer Reihe von Untersuchungen soll nunmehr versucht werden, diese einzelnen Einflußfaktoren in ihrer Wirkung auf Elastizität und Festigkeit zu prüfen.

a) Einfluß der Zementart auf die Festigkeit. Nachstehende Zusammenstellung VI enthält die Normenfestigkeiten einiger verschiedener Zemente und für Beton aus dem gleichen Zement die Druckfestigkeiten an 20-cm-Würfeln und die Biegungszugfestigkeiten an Balken 60×8×15 cm, mit einer Einzellast in der Mitte belastet.

Daraus ist zu entnehmen, daß unter sonst ähnlichen Verhältnissen, namentlich unter nahezu gleichen Wasserzementfaktoren die Festigkeit von Beton mit der Normenfestigkeit des Zementes steigt.

Auffallend ist, daß die Festigkeit von Beton aus hochwertigem Portlandzement nicht in dem Maße mit der Normenfestigkeit steigt wie bei gewöhnlichem Portlandzement. Dies erklärt sich damit, daß der Normenmörtel aus hochwertigem Portlandzement mit 8% Wasser angemacht wurde (vgl. Anmerkung 4 zu § 5 der Bestimmungen des

Zusammen-

Zementart	Normenfestigkeiten der Zemente nach Tagen						Mischungsverhältnis des Betons
	3		7		28		
	Druck	Zug	Druck	Zug	Druck	Zug	
Gewöhnlicher Portland- zement A	—	—	247	22,5	380	43,7	1:4 nach Gewicht 1:4 ,, ,, 1:6 ,, ,,
Gewöhnlicher Portland- zement B	190	21,2	282	25,3	477	40,6	1:6 ,, ,, 1:6 ,, ,,
Hochwertiger Portlandzement Marke N	349	28,6	459	35,7	651	45,6	1:5 in Raumtln. 1:12 ,, ,,
Hochwertiger Portlandzement Marke L	301	30,8	441	32,4	616	44,7	1:5 ,, ,, 1:12 ,, ,,
Hochwertiger Portlandzement Marke W	280	23,4	411	26,7	576	47,7	1:5 ,, ,, 1:12 ,, ,,
Tonerdezement A	535	31,4	560	32	680	41	1:6 nach Gewicht
Tonerdezement B	592	30	693	36	860	49	1:5 in Raumtln.

Deutschen Ausschusses für Eisenbeton vom September 1925), während bei gewöhnlichem Zement soviel Wasser zugesetzt wurde, daß an der Aufsatzkastennute das Wasser zwischen dem 90. und 110. Schlage austrat. Dies entspricht einem durchschnittlichen Wasserzusatz von 8,4 bis 9,2%. Der wesentlich geringere Wasserzusatz beim hochwertigen Portlandzement vergrößert lediglich künstlich den Abstand der Normenfestigkeit zwischen hochwertigem und gewöhnlichem Portlandzement.

Lehrreich ist die Darstellung der aus Zusammenstellung VI entnommenen Festigkeitslinien in Abb. 6b. Die Verschiedenheit der Festigkeiten kommt namentlich in den ersten 7 bis 14 Tagen zum Ausdruck.

Für die hochwertigen Zemente ist die steile Kurve entsprechend der stark ansteigenden Festigkeit in den ersten Tagen charakteristisch. An der Spitze marschiert hierbei, alle überragend, der Tonerdezement.

Es ist von Fachleuten versucht worden, Formeln für die Berechnung der 28-Tage-Festigkeiten aus den 7-Tage-Festigkeiten aufzustellen. Ein Blick auf Abb. 6b und Zusammenstellung VI zeigt, daß dies mit Gefahren verbunden ist. Die Steigerung der Festigkeiten in den ersten Tagen ist nicht allein bei den verschiedenen Zementarten (gewöhnlichen und hochwertigen Zementen), sondern auch innerhalb der einzelnen Zementarten recht verschieden. Nach den Erfahrungen im Laboratostellung VI.

Wasser Zement	Zuschlag	Konsistenz	Druckfestigkeit nach Tagen kg/qcm				Biegungszugfestigkeit nach Tagen kg/qcm			
			3	7	28	90	3	7	28	90
0,63	Kies nach Fuller	plastisch	—	115	170	—	—	—	—	—
0,55	,,	,,	—	167	225	250	—	—	—	—
0,63	,,	plastisch bis gießfähig	—	86	174	220	—	—	—	—
0,7	,,	gießfähig	—	75	151	179	—	—	—	—
0,6	,,	plastisch	35	145	290	357	4,4	18,5	26,3	33
0,68	,,	,,	93	185	257	323	21,4	33 6	38,9	60
0,9	,,	,,	33,9	71,4	117	—	—	—	—	—
0,75	,,	,,	70	134	244	318	15	27	42	35
0,99	,,	,,	26	52	94	—	—	—	—	—
0,71	,,	,,	29	129	258	325	12	19	38	51
0,95	,,	,,	24	56	89	—	—	—	—	—
0,6	,,	,,	481	546	614	644	36	33	33	41
0,57	,,	,,	471	505	587	—	—	—	—	—

rium sind bezüglich der Festigkeitszunahmen in jungem Alter sogar beträchtliche Unterschiede selbst bei gleichen Zementfabrikaten fest-

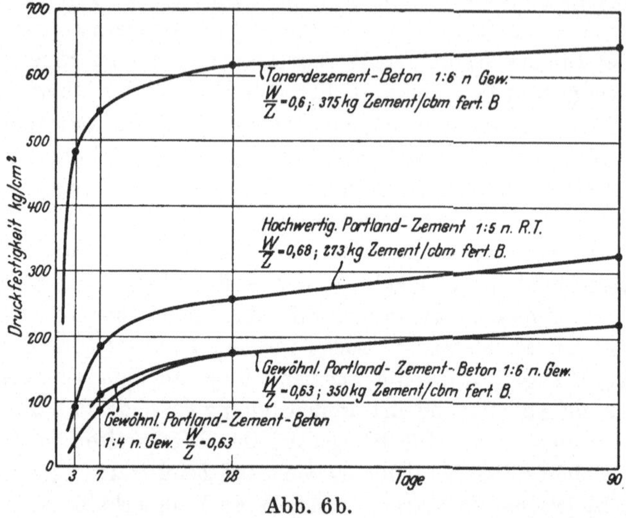

Abb. 6 b.

zustellen. Ferner kommt es nicht selten vor, daß gewöhnliche Portlandzemente, die in den gleichen Fabriken wie die hochwertigen hergestellt werden, sich in ihren Eigenschaften den letzteren nähern.

Unter solchen Umständen ist die Vorausbestimmung der 28-Tage-Festigkeiten aus den 7-Tage-Festigkeiten auf Grund von Formeln nicht zu empfehlen.

b) Einfluß der Zementart auf die Elastizitätszahlen von Beton. Für die gleichen Zemente wie unter a) haben Elastizitätsmessungen die Änderungen der Elastizitätszahlen nach Zusammenstellung VII ergeben:

Zusammenstellung VII. Betonmischungsverhältnis 1:5 in Raumteilen.

Hochwertige Portlandzemente	Marke „N" = 273 kg/m³ fertigen Betons;				WZF = 0,68
	„ „L" = 248 „	„	„		WZF = 0,75
	„ „W" = 255 „	„	„		WZF = 0,706
Portlandzement	„ „P" = 273 „	„	„		WZF = 0,68
Tonerdezement B	= 335 „	„	„		WZF = 0,57

Zementart	nach Tagen	Spannungen von o_{bd}	Elastizitätsmoduli bei Druck E_{bd}
„N"	3	19,0 — 50,3	190 000—168 000
	7	18,45— 62,7	227 000—213 000
	14	23,7 —120,0	272 000—239 000
	28	29,2 —118,7	284 000—271 000
	90	50,0 —174,5	380 000—336 000
	300	48,6 —169,5	375 000—321 000

Zusammenstellung VII (Fortsetzung).

Zementart	nach Tagen	Spannungen von σ_{bd}	Elastizitätsmoduli bei Druck E_{bd}
„L"	3	17,2 — 37,6	156 000—143 000
	7	18,45— 62,7	240 000—223 000
	14	29,5 — 97,7	250 000—223 000
	28	29,2 —118,5	295 000—259 000
	300	47,9 —167,2	334 000—305 000
„W"	3	16,55— 29,2	151 000—140 000
	7	18,6 — 63,6	213 000—210 000
	14	21,6 — 62,6	288 000—256 000
	28	29,8 —121,0	292 000—272 000
	300	15,3 —175,56	343 000—317 000
„P"	3	22,0 — 49,8	195 000—153 050
	7	21,4 — 62,1	252 000—217 000
	14	29,6 —120,5	265 000—215 000
	28	23,7 —120,0	271 000—159 000
	300	48,15—168,0	348 000—294 000
Tonerdezement B.	3	25,7 —144,5	336 000—312 000
	7	26 —146	327 000—311 000
	14	25,5 —143	323 000—313 000
	28	26,3 —135,8	381 000—370 000

Bei sämtlichen Zementen, einschließlich des Tonerdezementes, steigen die Elastizitätszahlen von Beton mit der Normenfestigkeit des Zementes und dem Alter. Die E-Werte sinken mit zunehmender Betonspannung. Beim Tonerdezement fällt auf, daß selbst bei beträchtlichen Spannungen die Elastizitätszahlen ansehnliche Höhen beibehalten.

c) Einfluß des Wasserzementfaktors (W.Z.F.) auf die Festigkeit von Beton. Mit einem künstlich zusammengesetzten, der Kornzusammensetzung nach guten Kiessand wurde Beton im Mischungsverhältnis 1 : 5 bis 1 : 15 nach Gewicht hergestellt unter Verwendung eines Zementes mit folgenden Normenfestigkeiten bei kombinierter Lagerung:

	Druckfestigkeit kg/qcm	Zugfestigkeit kg/qcm
Nach 3 Tagen	353	26,0
„ 7 „	449	30,7
„ 28 „	630	49,8

Innerhalb der einzelnen Mischungsverhältnisse wurden die Wasserzementfaktoren so gewählt, daß sie erdfeuchte, plastische und gießfähige Konsistenzen des Betons ergaben.

Bei den nebenstehend in Zusammenstellung VIII zur Erzielung verarbeitbarer Betonmischungen möglichen Wasserzementfaktoren ist zu beachten, daß diese Werte nur für gut gekörnte und abgestufte Zuschläge gelten.

Aus der Zusammenstellung geht hervor, daß die niedrigst möglichen Wasserzementfaktoren für die Mischung 1 : 5 0,35; 1 : 6 0,4; 1 : 8 0,5; 1 : 10 0,6; 1 : 15 0,9 sind (die Mischungsverhältnisse in Gewichtsteilen). Die Wahl niedrigerer Wasserzementfaktoren als die oben ermittelten ergibt zu trockene Mischungen.

Die Druck- und Biegungszugfestigkeiten im Alter von 28 Tagen an den so verarbeiteten Betonarten zeigt nachstehende Zusammenstellung IX:

Zusammenstellung VIII.

Mischungsverhältnis nach Gewicht	Wasser Zement	Konsistenz
1 : 5	0,35	erdfeucht
	0,4	plastisch
	0,5	gießfähig
1 : 6	0,4	erdfeucht
	0,5	plastisch
	0,6	gießfähig
1 : 8	0,5	erdfeucht
	0,6	plastisch
	0,7	gießfähig
1 : 10	0,6	erdfeucht-plastisch
	0,7	plastisch
	0,8	plastisch-gießfähig
1 : 15	0,9	erdfeucht
	1,0	plastisch

Zusammenstellung IX.

Mischungsverhältnis nach Gewicht	Wasser Zement	Konsistenz	Druckfestigkeit nach 28 Tagen	Biegungszugfestigkeit nach 28 Tagen
1 : 5	0,35	erdfeucht	420	50,4
1 : 5	0,4	plastisch	429	56,1
1 : 6	0,4	erdfeucht	400	58,6
1 : 5	0,5	gießfähig	322	44,5
1 : 6	0,5	plastisch	330	44,8
1 : 8	0,5	erdfeucht	325	42
1 : 6	0,6	gießfähig	225	36,2
1 : 8	0,6	plastisch	241	35,8
1 : 10	0,6	erdfeucht-plastisch	242	35,5
1 : 8	0,7	gießfähig	165	28,3
1 : 10	0,7	plastisch	190	30,2
1 : 10	0,8	stark plastisch bis gießfähig	145	28,6
1 : 15	0,9	erdfeucht	119	21,4
1 : 15	1,0	plastisch	102	21,8

Aus der Zusammenstellung IX geht zunächst wieder hervor, daß der Wasserzementfaktor entscheidend sowohl für die Druckfestigkeit als auch für die Biegungszugfestigkeit ist.

Man erkennt, daß ganz verschiedene Mischungen mit gleichem Wasserzementfaktor innerhalb der Grenzen verarbeitbarer (d. h. gut erdfeuchter bis gießfähiger) Mischungen gut übereinstimmende Druck- und Biegungszugfestigkeiten ergeben.

So ergibt der Beton mit den Mischungsverhältnissen 1 : 5 bis 1 : 8 bei einem Wasserzementfaktor von 0,5 nach 28 Tagen Druckfestigkeiten von rd. 330 kg/qcm und Biegungszugfestigkeiten von ca. 43 kg/qcm. Für die Mischungsverhältnisse 1 : 6 bis 1 : 10 mit einem Wasserzementfaktor von 0,6 wurden nach 28 Tagen Druckfestigkeiten von durchschnittlich 230 kg/qcm erzielt.

Trägt man die aus den Untersuchungen sich ergebenden Beziehungen zwischen Festigkeit und Wasserzementfaktor graphisch auf (Abb. 6c), so ergibt sich der gleiche Linienverlauf, wie wir ihn für Mörtel in Abb. 5 kennengelernt haben.

Die Linien zeigen, daß nicht nur die Druckfestigkeiten, sondern auch die Biegungszugfestigkeiten dem Abramsschen Gesetze folgen. Es scheint allerdings, daß bei den höheren Wasserzementfaktoren die Biegungszugfestigkeit um ein Geringes weniger rasch sinkt als die Druckfestigkeit.

Die zu trockenen und nicht mehr verarbeitbaren Betonmischungen fügen sich dem Gesetze nicht mehr ein. So z. B. ergibt der kleinere Wasserzementfaktor 0,4 bei der Mischung 1 : 8 einen zu trockenen Beton mit der 28-Tage-Druckfestigkeit von 233 kg/qcm und der Biegungszugfestigkeit von 22,4 kg/qcm, der größere Wasserzementfaktor 0,5 aber bei der Mischung 1 : 10 nach 28 Tagen eine größere Druckfestigkeit von 261 kg/qcm

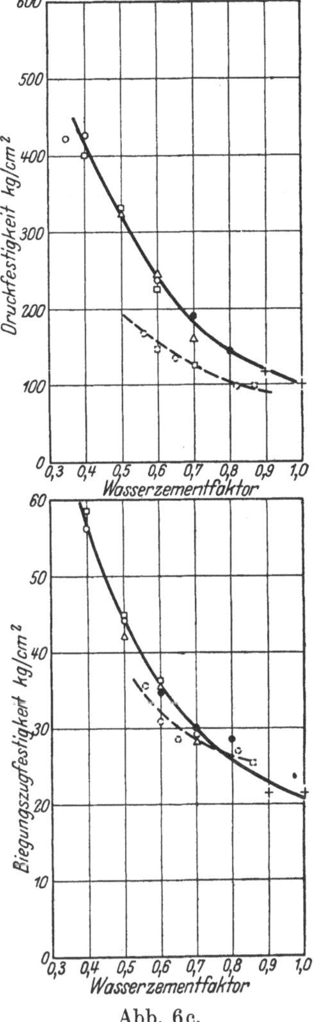

Abb. 6c.
○ = 1 : 5, □ = 1 : 6, △ = 1 : 8, ● = 1 : 10, + = 1 : 15.

und eine Biegungszugfestigkeit von 32 kg/qcm. Diese Beobachtung erklärt sich damit, daß die Beziehungen zwischen Wasserzementfaktor und Festigkeit nur für Beton guter Verarbeitbarkeit, d. h. nicht zu trockener Konsistenz gelten.

Der verwendete Zement hatte nach 28 Tagen eine Normendruckfestigkeit von 630 kg/qcm bei einem Wasserzusatz von 8%, also einem W.Z.F. von 0,32. Zieht man in Abb. 5 durch den Punkt $x = 0,32$ und $y = 630$ eine Linie parallel zu der Linie für den Zement, so ergibt sich für den Normenmörtel mit einem W.Z.F. von 0,5 eine Druckfestigkeit von ca. 330 kg/qcm. Die Druckfestigkeit fällt bei einem W.Z.F. von 0,6 auf ca. 240 kg/qcm, bei einem W.Z.F. von 0,7 auf ca. 175 kg/qcm und bei einem W.Z.F. von 0,8 auf ca. 130 kg/qcm.

Diese Linie fällt fast vollständig mit der an Beton ermittelten Abramsschen Kurve zusammen, die demselben W.Z.F. entsprechenden Druckfestigkeiten waren 325 bis 330 kg/qcm, 225 bis 242 kg/qcm bis 145 kg/qcm.

Hieraus folgt, daß bei gleichem Wasserzementfaktor dieselben Druckfestigkeiten für Normenmörtel und Beton erzielt werden konnten. Ob der gleiche Nachweis für die Zugfestigkeit von Mörtel und Beton möglich ist, müssen entsprechende weitere Untersuchungen zeigen.

In Zusammenstellung X sind die Ergebnisse der Untersuchungen nach den Mischungsverhältnissen geordnet. Man erkennt hier den Einfluß der Konsistenz, und da die Zuschläge von genau gleicher Art waren, den Einfluß des Wasserzusatzes auf die Druckfestigkeiten. Innerhalb der gleichen Mischungsverhältnisse sinkt die Festigkeit mit zunehmendem Wassergehalt.

Zusammenstellung X.

Mischungs-verhältnis nach Gewicht	Wasser Zement	Konsistenz	Druckfestigkeit nach 28 Tagen	Biegungs-zugfestigkeit nach 28 Tagen
1 : 5	0,35	erdfeucht	420	50,0
	0,4	plastisch	429	56,1
	0,5	gießfähig	322	44,5
1 : 6	0,4	erdfeucht	400	58,6
	0,5	plastisch	330	44,8
	0,6	gießfähig	225	36,2
1 : 8	0,5	erdfeucht	325	42
	0,6	plastisch	241	35,8
	0,7	gießfähig	165	28,3
1 : 10	0,6	erdfeucht-plastisch	242	35,5
	0,7	plastisch	190	30,2
	0,8	stark plastisch-gießfähig	145	28,6
1 : 15	0,9	erdfeucht	119	21,4
	1,0	plastisch	102	21,8

Mit Hilfe des W.Z.F. kann man den Einfluß der Zeit auf die Festigkeit in Zusammenstellung XI studieren. Hier sind die Ergebnisse von Untersuchungen an verschiedenen Betonarbeiten und Konsistenzen abhängig von der Zeit zusammengestellt. Die aus Zusammenstellung XII abgeleiteten Linien in Abb. 6d bieten die Möglichkeit zu Vergleichen.

Zusammenstellung XI.

Beton-mischungs-verhältnis nach Gewicht	Normenfestig-keit des Zementes nach 28 Tagen	W.Z.F.	Konsistenz	Druckfestigkeiten nach						
				7 Tagen	28 Tagen	60 Tagen	90 Tagen	180 Tagen	300 Tagen	360 Tagen
1 : 6	520	0,32	erdfeucht	—	274 (1)	327 (1,19)	—	338 (1,23)	—	—
1 : 6	520	0,6	gießfähig	—	258 (1)	297 (1,15)	—	300 (1,16)	—	—
1 : 6	520	1,19	gießfähig	—	76 (1)	88 (1,16)	—	101 (1,33)	—	—
1 : 6	380	0,63	plastisch	86 (0,5)	174 (1)	—	220 (1,26)	—	—	234 (1,34)
1 : 6	380	0,84	plastisch	50 (0,52)	96 (1)	—	119 (1,24)	—	—	149 (1,55)
1 : 6	380	0,91	gießfähig	43 (0,52)	82 (1)	—	98 (1,19)	—	—	128 (1,56)
1 : 6	380	1,21	gießfähig	—	55 (1)	—	75 (1,36)	—	—	84 (1,53)
1 : 7,7	651	0,68	plastisch	185 (0,72)	257 (1)	—	323 (1,26)	—	429 (1,67)	—
1 : 8,1	576	0,70	plastisch	129 (0,5)	258 (1)	—	325 (1,26)	—	382 (1,48)	—

(Die Zahlen in Klammern unter den Festigkeitsergebnissen bedeuten die Verhältniszahlen der Festigkeiten, wenn die 28-Tage-Festigkeit = 1 gesetzt ist.)

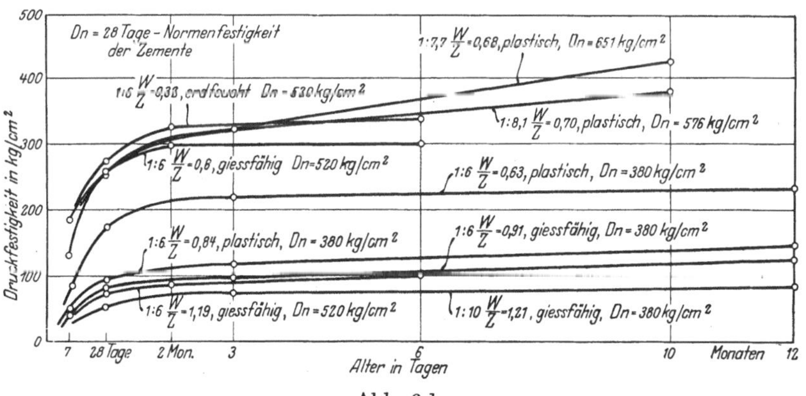

Abb. 6d.

Eine Anzahl von Linien weisen vom zweiten Monate angefangen, Parallelität auf, andere verlaufen steiler. Das würde bedeuten, daß nach einer bestimmten Zeit, in unserem Falle nach zwei Monaten, die Festigkeitszunahme in einigen Fällen gleichbleibt, in anderen Fällen mit dem Alter größer wird.

In den ersten 2 Monaten entsprechen die stärkeren Zunahmen der Festigkeiten den trockenen Konsistenzen, wie aus dem steileren Verlauf der Linien zu sehen ist.

Ferner erkennt man aus Zusammenstellung XI, wo die Zunahme, bezogen auf die 28-Tage-Festigkeiten, in Klammerwerten angegeben ist daß unter sonst gleichen Verhältnissen nach 1 Jahr die stärkere Festigkeitszunahme dem höheren W.Z.F. (dem größeren Wassergehalt) entspricht.

Eine Klärung dieser Fragen, die zur Zeit abschließende Richtlinien noch nicht ermöglichen, ist im Gange.

d) Einfluß des Sandes auf die Festigkeit von Beton. Bei den Betonarten in Zusammenstellung IX wurde das dort gut gekörnte Zuschlagsmaterial durch einen Kiessand mit einem großen Sandgehalt von 65 bis 70% und viel Feinsand in folgender Kornzusammensetzung ersetzt:

Die Kornabstufung von 0 —0,3 mm betrug 26 Gewichtsprozente des Gesamt-
zuschlags

,,	,,	,,	0,3—0,8 mm	34	,,
,,	,,	,,	0,8—3 mm	19	,,
,,	,,	,,	3 —5 mm	3	,,
,,	,,	,,	5 —8 mm	3	,,
,,	,,	,,	8 —16 mm	7	,,
,,	,,	,,	16 —25 mm	8	,,

Mit diesem Zuschlagsmaterial wurde bei dem gleichen Zement Beton im Mischungsverhältnisse 1 : 5 und 1 : 6 (in Gewichtsteilen) hergestellt. Die Beziehungen zwischen W.Z.F. und Würfelfestigkeit ergeben sich aus Zusammenstellung XII.

Zusammenstellung XII.

Mischungsverhältnis nach Gewicht	Wasser/Zement	Druckfestigkeit nach 28 Tagen	Biegungsfestigkeit nach 28 Tagen
	0,56	167	35,6
1 : 5	0,65	135	28,5
	0,82	97	27,4
	0,6	146	30,8
1 : 6	0,705	125	29,6
	0,87	99	25,4

In Abb. 6c ist das Ergebnis durch eine strichlierte Linie dargestellt, die die Abhängigkeit der Festigkeit vom W.Z.F. erkennen läßt. Obgleich derselbe Zement verwendet wurde, liegt die Linie etwas tiefer, was auf Festigkeitsverminderung hinweist. Der Einfluß schlechterer Verkittung infolge allzu hohen Sand- und namentlich Feinsandgehaltes macht sich bemerkbar. Der vorhandene Zement hat anscheinend nicht mehr in dem früheren Maße ausgereicht, da der Feinsandgehalt zu viel von dem Bindemittel verbraucht.

Den Einfluß des Feinsandes zeigt eine Untersuchung, deren Ergebnis Zusammenstellung XIII wiedergibt:

Zusammenstellung XIII.

Kiessand-Zusammensetzung in Gewichtsprozenten (Feinsand unterstrichen)		Raumgew. der Kiessande kg/cdm	Betonmisch. in Gewichtsteilen	Wasseranspruch Gew. %	Wasserzementfaktor in Gewichtsteilen	Konsistenzzahl	Beton-Raum-Gewicht kg/cdm	Beton-Druckfestigkeit nach 28 Tagen kg/qcm
0 — 0,3 mm 6% 0,3— 0,8 mm 10% 0,8— 3 mm 13% 3 — 6,5 mm 11% 6,5—16 mm 30% 16 —25 mm 30%	40% Sand / 60% Kies	1,96	1 : 6	6,5	0,455	125	2,45	301
0 — 0,3 mm 20% 0,3— 0,8 mm 10% 0,8—3 mm 5° 3 — 6,5 mm 5% 6,5—16 mm 30% 16 —25 mm 30%	40% Sand / 60% Kies	2,00	1 : 6	8,45	0,59	128	2,38	164

Bei gleichbleibendem Verhältnis zwischen Sand und Grobzuschlägen wurde der Feinsandgehalt unter 0,3 mm innerhalb der Grenzen von 6 und 20% geändert. Hierdurch erhöhte sich der für die gleiche Konsistenz notwendige Wasseranspruch, und die Druckfestigkeit sank auf beinahe die Hälfte. Ähnlich war die Wirkung des Feinsandes auf die Festigkeit von Mörtel (siehe Zusammenstellung V).

e) **Einfluß der Kornform des Zuschlags auf die Festigkeit.** Erst durch die Anwendung der Konsistenzmessung war es möglich, die Unterschiede zwischen Kiessand und gebrochenem Zuschlagsmaterial kennenzulernen. An zwei verschiedenen Arten von Beton wurde bei gleichbleibender Kornzusammensetzung die Kornform geändert. In dem einen Fall wurde Kiesbeton, in dem anderen Fall Schotterbeton verarbeitet. Die Frage der Kornform ist bei Gußbeton besonders zu beachten, und deshalb wurde der Beton mit Hilfe der Gießrinne hergestellt. Mit Hilfe der Konsistenzprüfung, die in diesem Falle von besonderem Vorteil ist, wurden die für den gleichen Grad der Verarbeitbarkeit notwendigen Konsistenzzahlen ermittelt.

Zusammenstellung XIV.

Betonart	Kornzusammensetzung des Zuschlags	Konsistenz	Wasserzusatz in Gew.-Proz.	Wasserzement-faktor nach Gew.	Raumgewichte von Beton nach 28 Tagen	Raumgewichte von Beton nach 60 Tagen	Druckfestigkeiten nach 28 Tagen kg/qcm	Druckfestigkeiten nach 60 Tagen kg/qcm
Kiesbeton 1 : 6 in Gewichts-teilen	0 — 0,3 mm 10%							
	0,3— 0,8 mm 10%							
	0,8— 3 mm 11%							
	3 — 8 mm 16%	gerade gießfähig Konsistenzzahl 225	8,6	0,6	2,35 ⎫ 2,36 ⎬ 2,37 2,39 ⎭	2,35 ⎫ 2,36 ⎬ 2,13 2,39 ⎭	265 ⎫ 250 ⎬ 258 260 ⎭	295 ⎫ 310 ⎬ 297 286 ⎭
	8 —16 mm 25%							
	16 —25 mm 28%							
Schotter-beton 1 : 6 in Gewichts-teilen	0 — 0,3 mm 10%							
	0,3— 0,8 mm 10%							
	0,8— 3 mm 11%							
	3 — 8 mm 16%	gerade gießfähig Konsistenzzahl 235	17	1,2	2,15 ⎫ 2,15 ⎬ 2,14 2,13 ⎭	2,11 ⎫ 2,14 ⎬ 2,12 2,11 ⎭	78 ⎫ 74 ⎬ 76 75 ⎭	91 ⎫ 83 ⎬ 88 89 ⎭
	8 —16 mm 25%							
	16 —25 mm 28%							

Die Ergebnisse der Untersuchungen in Zusammenstellung XIV lassen bei Gußbeton aus Schotterzuschlägen einen sehr beträchtlichen Festigkeitsabfall gegenüber Kiesbeton der gleichen Konsistenz erkennen.

Man sieht aus diesem Beispiel, daß bei Verarbeitung von Gußbeton aus gebrochenem Zuschlag Vorsicht angebracht ist. Der Wasseranspruch von rundlichen Zuschlägen ist für die gleiche Konsistenz geringer, und es ist dementsprechend eine höhere Festigkeit zu erwarten.

f) **Einfluß der Lagerung bzw. Nachbehandlungsart.** Bekanntlich erhält man bei der Zementnormenprüfung die größten Festigkeiten bei sog. kombinierter Lagerung der Proben, während die reine Wasserlagerung zu kleineren Festigkeiten führt.

Für den gleichen Zement wurde nach 28 Tagen bei kombinierter Lagerung (1 Tag feuchte Luft, 6 Tage Wasser, 21 Tage Luft) die Normendruckfestigkeit von 630 kg/qcm und die Normenzugfestigkeit von 49,8 kg/qcm ermittelt, während bei Wasserlagerung (1 Tag feuchte Luft, 27 Tage Wasser) die entsprechenden Werte 588 kg/qcm bzw. 38,4 kg/qcm waren.

Ähnliche Verhältnisse ergeben sich für Beton. Anfängliche Feucht- und spätere Trockenlagerung führt zu größeren Festigkeiten als reine Wasserlagerung oder reine Luftlagerung. In der Hauptsache wurden diese Erscheinungen bisher an erdfeuchtem bis plastischem Beton festgestellt. Die Tatsache, daß weicher Beton, in wasserabsaugenden Schalungen (z. B. Gipsschalungen) hergestellt, höhere Festigkeiten ergab als bei Herstellung in nicht wasserabsaugenden Schalungen, läßt es offen, ob die kombinierte Lagerung für alle Konsistenzen von Beton günstig ist. Es erscheint möglich, daß alle Maßnahmen, die in den ersten Stunden und Tagen der Erhärtung bei nassem Beton zu einem Wasserentzug beitragen, unter Umständen günstig auf die Festigkeit einwirken.

Bei der Bedeutung dieser Frage im Betonstraßenbau soll eine Klärung durch neue Untersuchungen herbeigeführt werden.

7. Einige Angaben über das Raumgewicht von Beton.

Das Raumgewicht von Beton ist abhängig vom Zementgehalt, Zementgewicht, Wassergehalt und vom Raumgewicht des Zuschlagsmaterials. Letzteres ist selbst wieder von seinem spezifischen Gewicht, und in ganz beträchtlichem Maße von seiner Kornzusammensetzung abhängig.

Bei gleicher Konsistenz und gleicher Kornzusammensetzung des Zuschlags sinkt das Raumgewicht von Beton mit abnehmendem Zementgehalt, wie Zusammenstellung XVa zeigt.

Zusammenstellung XVa.

Mischungs-verhältnis nach Gewicht	Wasserzusatz in Gewichts-prozent	Konsistenz	Beton-raumgewicht in kg/cdm	Bemerkungen
1 : 4			2,36	
1 : 6	10—11	gießfähig	2,34	gut abgestuftes Zuschlag-
1 : 8			2,28	material
1 : 10			2,19	

Bei gleichem Mischungsverhältnis und absolut gleichem Wasserzusatz unter Veränderung der Kornzusammensetzung des Zuschlags nach Kurve 1 bis 4 Abb. 4a nimmt das Raumgewicht mit zunehmendem Sandgehalt ab (Zusammenstellung XVb).

Zusammenstellung XVb.

Mischungs-verhältnis	Wasserzusatz in Gewichts-prozent	Kornzusammen-setzung nach Kurve	Betonkonsistenz	Beton-raumgewicht kg/cdm
		1	stark plastisch	2,39
1 : 6	8,15	2	plastisch	2,37
		3	erdfeucht-plastisch	2,33
		4	schwach erdfeucht	2,16

Der Einfluß des Wasserzusatzes auf das Raumgewicht von Beton mit verschiedenen Mischungsverhältnissen bei gleichbleibender Kornzusammensetzung ist aus Zusammenstellung XVc zu ersehen.

Zusammenstellung XVc.

Mischungsverhältnis	Wasserzement-faktor	Konsistenz	Betonraumgewicht kg/cdm
1 : 6	0,4	erdfeucht	2,40
	0,5	plastisch	2,41
	0,6	gießfähig	2,36
1 : 8	0,4	schwach erdfeucht	2,33
	0,5	erdfeucht	2,43
	0,6	plastisch	2,40
	0,7	gießfähig	2,39
1 : 10	0,5	schwach erdfeucht	2,36
	0,6	erdfeucht	2,39
	0,7	plastisch	2,38
	0,8	gießfähig	2,34

Das Raumgewicht nimmt von der schwach erdfeuchten bis zur plastischen Konsistenz zu, mit weiter steigendem Wasserzusatz nimmt es wieder ab.

8. Beziehungen zwischen Festigkeit und Zementmenge pro Kubikmeter fertigen Betons.

In den neuen amtlichen Bestimmungen wird mindestens 270 bzw. 300 kg Zement in einem Kubikmeter fertigen Betons verlangt, wenn er die für eine rostsichere Umhüllung der Eiseneinlagen notwendige Dichtigkeit haben soll.

Diese Forderung ist unklar und kann unwirtschaftlich werden. Die Grundlage für die Dichtigkeit und Festigkeit ist das Verhältnis von Wasser zu Zement (WZF), und die Wassermenge ist bei der gleichen Konsistenz des Betons von dem Verhältnis des feinen zum groben Zuschlagmaterial abhängig.

Die vor kurzem in meinem Institut abgeschlossenen Untersuchungen über Wasserdurchlässigkeit von Beton[1] haben bewiesen, daß ein Übermaß an Sand, namentlich der staubfeinen Teile, den Wasseranspruch erhöht. Unter sonst gleichen Verhältnissen gilt dasselbe von gebrochenem Zuschlagmaterial gegenüber Kiessand. Mit der Steigerung des Wasseranspruchs wird bei der gleichen Zementmenge der WZF größer. und der Beton wird weniger dicht.

---

[1] „Wasserdurchlässigkeit von Beton in Abhängigkeit von seinem Aufbau und vom Druckgefälle" von Dr.-Ing. G. Merkle, Berlin: Julius Springer 1927.

Wie verschieden die Festigkeit bei der gleichen Zementmenge werden kann, zeigt Zusammenstellung XVII aus einer Reihe von Untersuchungen.

Wir ersehen aus der Zusammenstellung XVII, daß man bei den gleichen Mischungsverhältnissen und den gleichen festgestellten Zementmengen pro Kubikmeter fertigen Betons sehr weit voneinander abweichende Druck- und Biegungszugfestigkeiten bekommen kann. An sich ist dies selbstverständlich, weil nach allem, was in dem Vorangehenden gezeigt wurde, der WZF das Entscheidende ist. Wir erkennen aus der Zusammenstellung, daß man z. B. in der Lage war, mit Mischungsverhältnissen 1 : 8 dieselben Festigkeiten zu erzielen wie mit dem Mischungsverhältnis 1 : 5. Wir erkennen ferner, daß man in keinem Falle bei einem ungeeigneten sandreichen Zuschlagmaterial mit dem Mischungsverhältnis 1 : 5 Festigkeiten erhalten konnte, die auch nur annähernd den Festigkeiten beim Mischungsverhältnis 1 : 10 nahekommen. Ja in einem Falle erreichten sie nicht einmal diejenige des Mischungsverhältnisses 1 : 15.

Zusammenstellung XVII.

Bei günstiger Kornzusammensetzung ergeben:

kg Zement pro cbm fert. Betons	Mischungsverhältnis nach Gewicht	Wasserzementfaktor	Konsistenz	Druckfestigkeit nach 28 Tagen	Biegungszugfestigkeit nach 28 Tagen
417	1:5	0,35	erdfeucht	420	50,0
420	1:5	0,4	plastisch	429	56,1
410	1:5	0,5	gießfähig	322	44,5
355	1:6	0,4	erdfeucht	400	58,6
370	1:6	0,5	plastisch	330	44,8
345	1:6	0,6	gießfähig	225	36,2
290	1:8	0,5	erdfeucht	325	42
290	1:8	0,6	plastisch	241	35,8
285	1:8	0,7	gießfähig	165	28,3
230	1:10	0,6	erdfeucht bis plastisch	242	35,5
232	1:10	0,7	plastisch	190	30,2
226	1:10	0,8	stark plast. bis gießfähig	145	28,6
154	1:15	0,9	erdfeucht	119	21,4
150	1:15	1,0	plastisch	102	21,8

Bei sandreichem Zuschlagmaterial:

377	1:5	0,56	erdfeucht	167	35,6
370	1:5	0,65	plastisch	135	28,5
360	1:5	0,82	gießfähig	97	27,4
330	1:6	0,6	erdfeucht	146	30,8
323	1:6	0,7	plastisch	125	29,6
320	1:6	0,87	gießfähig	99	25,4

Man muß aus diesen Ergebnissen die Folgerung ziehen, daß es aus technischen und wirtschaftlichen Gründen nicht zu empfehlen ist, für bestimmte Betonarten Mindestmengen von Zement zu verlangen, ohne gleichzeitige Angaben über Konsistenz und Wasserzementfaktor.

9. Angaben über Volumenveränderungen von Beton.

Mit Hilfe der Einrichtungen, wie sie in Bd. I meiner „Vorlesungen" beschrieben sind, wurden in den letzten Jahren eine Reihe von Untersuchungen über das Schwinden (an der Luft) und Schwellen (unter Wasser) von Beton ausgeführt. Es galt, die Volumenänderungen bei einigen gebräuchlichen Zementarten, den Einfluß der Zementmenge, des Zuschlagsmaterials, des Wasserzusatzes bzw. der Konsistenz und der Zeit zu bestimmen.

Die vergleichenden Untersuchungen wurden bei der gleichbleibenden Temperatur von 18° C und gleichen Feuchtigkeitsverhältnissen durchgeführt. Für die luftgelgaerten Körper werden in dem Schwindmeßraum des Instituts relative Feuchtigkeiten von 50—60% konstant gehalten.

Zum besseren Vergleich sind die Ergebnisse in der Zusammenstellung XVI zusammengefaßt.

Alle nachfolgenden Maße sind in $^1/_{1000}$ mm auf 1 m Länge angegeben; die Schwindmaße sind mit —, die Schwellmaße mit + bezeichnet.

PZ bedeutet Beton mit gewöhnlichem Portlandzement.

HPZ   „   „   „   hochwertigem   „

T   „   „   „   Tonerdezement

Das Mischungsverhältnis 1 : m ist in allen Fällen nach Gewicht.
WZF bedeutet Wasserzementfaktor.
D_{28} ist die Normenfestigkeit des Zementes nach 28 Tagen.

Die Zusammenfassung der Ergebnisse ergibt zunächst eine wertvolle Bestätigung bisheriger Annahmen:

Unter sonst gleichen Verhältnissen ruft eine Anreicherung von Zement (fette Mischungen) bei Beton ein stärkeres Schwinden hervor (Reihe 4 und 5). Die Schwellmaße sind wesentlich geringer als die Schwindmaße.

Je höher die Normenfestigkeit des verwendeten Zementes ist, desto stärker scheint die Zunahme der Schwind- und Schwellmaße in den ersten 28 Tagen zu sein.

Die Volumenveränderungen beim Erhärten von Beton werden von der Zementart wesentlich beeinflußt.

Bei den hochwertigen Zementen vollzieht sich das Schwinden in den ersten 4 Wochen stärker als bei gewöhnlichem Portlandzement. Der Verlauf ist in Abb. 7 zu verfolgen, und es zeigt sich, daß insbe-

sondere der Tonerdezementbeton den Hauptschwindprozeß in den ersten
Tagen durchmacht.

Der Wasserzusatz (WZF) wirkt unter sonst gleichen Verhältnissen auf das Schwinden des Betons in der Weise, daß in den ersten
Tagen die kleineren Schwindmaße dem größeren WZF entsprechen.
Mit zunehmendem Alter, in unseren Fällen mit etwa 28 Tagen, tritt
eine Änderung ein. Die Schwindmaße des nasser verarbeiteten Betons
werden dann größer (vgl. die Reihen 1, 2 und 3; ferner die Reihen 9
und 10). Ähnlich wie bei der Festigkeit von Beton ist es also auch
im Sinne der Verringerung des Schwindmaßes günstig, keinen Tropfen
mehr Wasser zu verwenden, als zur Erzielung einer gewünschten Konsistenz erforderlich ist.

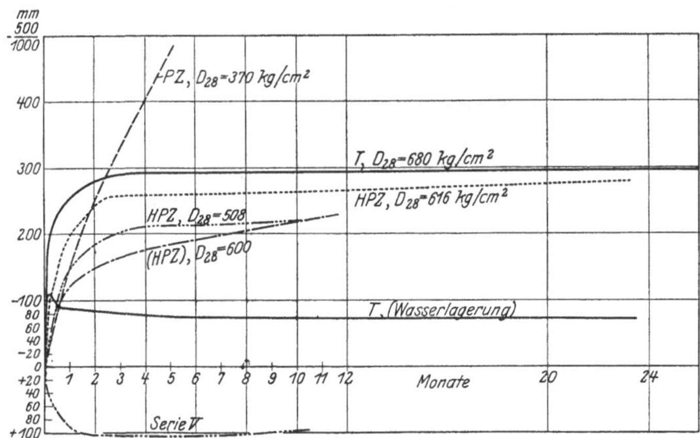

Abb. 7. Volumenänderungen von Beton.
P = Portlandzement, HPZ = hochwertiger Portlandzement, T = Tonerdezement.

Eine Anreicherung des Sandgehaltes im Beton, die den Wasseranspruch zur Erzielung gleicher Konsistenzen vermehrt, erhöht auch für
gleiche Konsistenzen das Schwindmaß (vgl. Reihe 1 und 3; auch 2 und 4).

Angesichts der verschieden gerichteten Volumenveränderungen bei
Luft- und Wasserlagerung des Betons muß der Schwindverlauf auch
von dem Trockenheitsgrad der Luft abhängig sein. Tatsächlich wurde
schon früher festgestellt, daß das Schwinden bei größerer Trockenheit
der Luft rascher vor sich geht als bei Vorhandensein feuchterer Luft.

Es bleibt weiteren Untersuchungen vorbehalten, den Einfluß von
verschiedenen Feuchtigkeitsgehalten der Luft auf die Volumenänderungen von Betonarten festzustellen, die unter verschiedenen Bedingungen erhärten.

Die Klärung dieser Fragen ist notwendig, um die günstigste Form
der Nachbehandlung von frisch verarbeitetem Beton prüfen zu können,
die für Verhinderung bzw. Einschränkung der Rißbildung wesentlich ist.

Nr.	Art des Betons	nach Tagen						
		1	2	4	6	8.	10	14
1	PZ 1:6 WZF 0,63 (Wasserzus. 9%) $D_{28} = 370$ kg/qcm Zuschlag: Kiessand ungefähr nach Fuller Konsistenz: plastisch	0	—4	—12	—	—52	—62	—
2	PZ 1:6 WZF 0,7 (Wasserzus. 10%) $D_{28} = 370$ kg/qcm Zuschlag: Kiessand ungefähr nach Fuller Konsistenz: gießfähig	—	0	—6	—	—22	—38	—
3	PZ 1:6 WZF 0,84 (Wasserzus. 12%) $D_{28} = 370$ kg/qcm Zuschlag: Kiessand mit 65% Sand Konsistenz: plastisch	—	0	—10	—	—40	—52	—
4	PZ 1:6 WZF 0,91 (Wasserzus. 13%) $D_{28} = 370$ kg/qcm Zuschlag: Kiessand mit 65% Sand Konsistenz: gießfähig	—	0	—6	—	—12	—20	—
5	PZ 1:10 WZF 1,21 (Wasserzus. 11%) $D_{28} = 370$ kg/qcm Zuschlag: Kiessand ungefähr nach Fuller Konsistenz: gießfähig	—	0	—6	—	—20	—38	—
6	PZ 1:10 WZF 1,43 (Wasserzus. 13%) $D_{28} = 370$ kg/qcm Zuschlag: Kiessand mit 65% Sand Konsistenz: gießfähig	—	0	—4	—	—20	—30	—
7	PZ 1:6 WZF 0,61 (Wasserzus. 8,7%) $D_{28} = 477$ kg/qcm	—4	—10	—44	—68	—80	—	—130
	Zuschlag: Kiessand ungefähr nach Fuller Konsistenz: plastisch	+36	+44	+60	+62	+64	—	+68
8	PZ 1:7,5 WZF 0,68 (Wasserzus. 7,7%) $D_{28} = 508$ kg/qcm	—	—	—29	—59	—	—	—98
	Zuschlag: Kiessand ungefähr nach Fuller Konsistenz: plastisch	—	—	+43	+44	—	—	+57

stellung XVI.

		nach Monaten						nach Jahren			
16	28	3	4	5	6	10	11	1	2	3	4
—94	—144	—276	—340	—396	—	—	—	—	—	—	—
—84	—176	—326	—394	—	—	—	—	—	—	—	—
—84	—148	—336	—416	—478	—	—	—	—	—	—	—
—72	—180	—400	—492	—	—	—	—	—	—	—	—
—100	—164	—314	—	—	—	—	—	—	—	—	—
—72	—168	—384	—	—	—	—	—	—	—	—	—
—	—190	—268	—	—	—268	—	—	—	—270	—278	—284
—	+90	+114	—	—				—	+110	+114	+122
—	—144	—206	—	—	—190	—222	—	—	—	—	—
—	+94	+103	—	—	+105	+92	—	—	—	—	—

Zusammenstellung

Nr.	Art des Betons	nach Tagen						
		1	2	4	6	8	10	14
9	HPZ 1:7,6 WZF 0,65 (Wasserzus. 7,6%) $D_{28} = 600$ kg/qcm Zuschlag: Schotter u. Flußsand ungefähr nach Fuller Konsistenz: schwach plastisch	—	—10	—	—44	—	—	—84
10	HPZ 1:7,6 WZF 0,74 (Wasserzus. 8,6%) $D_{28} = 600$ kg/qcm Zuschlag: Schotter u. Flußsand ungefähr nach Fuller Konsistenz: schwach plastisch	—	—56	—	—110	—	—	—150
11	HPZ 1:8,4 WZF 0,75 (Wasserzus. 7,8%) $D_{28} = 616$ kg/qcm Zuschlag: Kiessand ungefähr nach Fuller Konsistenz: plastisch	— —	— —	—38 +24	—100 +40	—118 +50	— —	—138 +70
12	HPZ 1:7,5 WZF 0,68 (Wasserzus. 7,7%) $D_{28} = 651$ kg/qcm Zuschlag: Kiessand ungefähr nach Fuller Konsistenz: plastisch	—	—	—65	—94	—	—140	—158
13	TZ 1:6 WZF 0,61 (Wasserzus. 8,7%) $D_{28} = 680$ kg/qcm Zuschlag: Kiessand ungefähr nach Fuller Konsistenz: plastisch	—140 —72	—172 —100	—194 —110	—206 —96	—216 —90	— —	—238 —92

XVI (Fortsetzung).

		nach Monaten						nach Jahren			
16	28	3	4	5	6	10	11	1	2	3	4
—	—122	—	—	—	—	—	—226	—	—	—	—
—	—190	—	—	—	—	—260	—	—	—	—	—
—	—194	—334	—	—	—	—165	—	—	—280	—	—
—	+104	+124	—	—	—	—	—	—	—	—	—
—	—194	—210	—	—	—204	—220	—	—	—260	—	—
—	—262	—294	—	—	—290	—	—	—	—294	—306	—314
—	—92	—82	—	—	—76	—	—	—	—74	—73	—74

Zusammenfassende Richtlinien für die Herstellung von Mörtel und Beton.

Überblickt man die Ergebnisse der in den vorstehenden Abschnitten dargestellten Untersuchungen, wie sie in den letzten Jahren in meinem Institut durchgeführt wurden, so erkennt man auf Schritt und Tritt, daß die Voraussetzungen für die Herstellung von gutem Mörtel oder Beton sehr mannigfaltig und verschiedenartig sind. Man wird daher zweckmäßigerweise auf die Vorausbestimmung der Festigkeit oder der Güte durch Formeln, wie sie von Feret, Abrams, Graf u. a. aufgestellt wurden, verzichten. Diese weisen alle einen beschränkten Gültigkeitsbereich auf, weil sie bald den einen, bald den anderen die Güte des Materials bestimmenden Einfluß unberücksichtigt lassen müssen. Gewiß läßt sich bei Laboratoriumsuntersuchungen mit derartigen Formeln von Fall zu Fall eine Kontrolle ausüben. Für die Untersuchungen auf der Baustelle werden sie nicht zu empfehlen sein, weil man mit anderen Mitteln den örtlichen und wirtschaftlichen Verhältnissen besser gerecht werden kann. Richtlinien, die uns die Bestimmung der oberen und unteren Grenzen der Festigkeiten ermöglichen, werden vor jeder Schematisierung bewahren, die auf der Baustelle unter Umständen zu schlechten Erfahrungen führen kann. Der Verbraucher muß wissen, was er zu tun oder zu unterlassen hat, und diesem Zwecke dienen Laboratoriumsuntersuchungen. Es ist ferner notwendig, daß der Verbraucher, auch der Ingenieur im Konstruktionsbüro, die in den letzten Jahren eingeführten neuen Methoden kennt, die zugleich eine gute Grundlage für Vergleichsmöglichkeiten bieten, wie wir sie in früheren Jahren nicht gekannt haben.

Die Siebanalysen und -kurven zur Bestimmung der günstigsten Kornzusammensetzungen des Zuschlagmaterials, die Konsistenzmessungen zur Kontrolle der Gleichmäßigkeit des zu verarbeitenden Betons, deren Einführung wir amerikanischen Forschern zu danken haben, sind wertvolle Hilfsmittel zur Verbesserung des Materials.

Die im einzelnen in den vorangehenden Abschnitten und in den 17 Zusammenstellungen niedergelegten Ergebnisse von mehrjährigen Untersuchungen erheben keinen Anspruch auf Vollständigkeit. Es bedarf noch einer ganzen Reihe von Untersuchungen, um die mannigfaltigen Verschiedenheiten bei der Verarbeitung von Beton mit und ohne Eiseneinlagen für große und kleine Massen zu berücksichtigen.

Fragen wir uns, wie man in Zusammenfassung der bisherigen Erkenntnisse die Güte von Mörtel und Beton verbessern kann, so kommt man zu folgenden Richtlinien:

Die Wahl der Bindemittel:

Was hier von den Bindemitteln gesagt wurde, ist nur auf das Allernotwendigste beschränkt worden. Im allgemeinen wäre es aber sehr wünschenswert, wenn Beton- und Eisenbetonfachleute mehr, als dies in der Praxis üblich ist, ihr Augenmerk auf das Studium der Bindemittel und besonders auf deren Zusammensetzung und Prüfungsmethoden richten würden. Nur dann wird man in der Lage sein, in den gegebenen Fällen die richtige Auswahl unter den Bindemitteln zu treffen.

Bei der Verschiedenheit der Bindemittel sollte der Verbraucher imstande sein, zu beurteilen, was seinen Zwecken in den einzelnen Fällen am dienlichsten ist. Man wird beim Wasserbau für den Beton andere Gesichtspunkte einzunehmen haben als bei jenen Baukonstruktionen, wo der Beton stets der Luft oder bald der Luft und bald dem Wasser ausgesetzt ist.

Wo die Möglichkeit chemischer Angriffe auf Betonbauwerke gegeben ist, muß man je nach der Natur des chemischen Angriffs entscheiden können, welche Bindemittel in den bestimmten Fällen die geeignetsten sind, ferner ob irgendwelche Zusätze oder konstruktive Maßnahmen erforderlich werden.

Vor Beginn der Arbeit soll sich der Verbraucher durch entsprechende Proben überzeugen, ob es sich bei Zementen um Treiber handelt.

Bei größeren Bauwerken sollten Zementproben luftdicht verschlossen für etwa 1 Jahr nach der Verarbeitung aufbewahrt werden, damit man auch nachträglich die verwendeten Zemente auf ihre Güte nachprüfen kann.

Bei den Zementen darf man es nicht übersehen, daß der Wasseranspruch z. B. nicht bei allen Zementen gleich ist. Verarbeitet man Tonerdezement, so ergibt sich aus den hohen Abbindetemperaturen die Notwendigkeit, mehr Anmachwasser zu verwenden als bei anderen Zementen.

Zement und Wasser bilden die Kittmasse, die in genügender Menge vorhanden sein soll, um die einzelnen Körner des feinen und groben Zuschlagmaterials gut zu umhüllen und miteinander zu verkitten. Je vollkommener dies geschieht, desto größere Festigkeit und Dichtigkeit hat man zu erwarten.

Die Angabe von Mindestmengen von Zement pro Kubikmeter fertigen Betons hat nur dann Wert, wenn gleichzeitig die Kornzusammensetzung des Zuschlagsmaterials bestimmt ist. Es wäre zweckdienlicher für Beton, je nach der Art des Bauwerkes, Mindestfestigkeiten und

4*

den Grad der notwendigen Dichtigkeit festzulegen. Man überlasse dem sachkundigen und verantwortungsbewußten Ingenieur den geeigneten und wirtschaftlichsten Weg, die Güte des Betons zu sichern. Der sachunkundige oder leichtfertige Bauleiter wird auch bei Festlegung von Mindestmengen Zement schlechten Mörtel und Beton herstellen können, wie ein Blick auf Zusammenstellung XVII beweist.

Die Wahl der Zuschlagsstoffe.

Nach den Ausführungen in Abschnitt 3 haben sich Untersuchungen an Zuschlagsmaterial zu erstrecken auf die chemisch-mineralogische Beschaffenheit, auf chemische Verunreinigungen, auf den Gehalt an abschlemmbaren Substanzen, auf Frost- und Feuerbeständigkeit, Raumgewicht und Dichtigkeit.

Außerdem ist die Kornzusammensetzung nach Form, Größe und Abstufung mit Rücksicht auf die erforderliche Konsistenz zu untersuchen.

Wegen des die Festigkeit entscheidend beeinflussenden Wasserzusatzes sind die Zuschläge nach Abstufung und Form die günstigsten, die für eine bestimmte Konsistenz des Betons den relativ geringsten Wasseranspruch aufweisen.

Bestimmend für diesen Wasseranspruch ist der Gehalt an mehlfeinen Bestandteilen, das Verhältnis von Sand zu Grobzuschlägen, die Kornabstufung, die Größe und Menge des maximalen Korns sowie die Kornform.

Alle Untersuchungen zeigen, daß Sand und Grobzuschlag in ein bestimmtes Verhältnis abgegrenzt werden müssen, wenn man guten Mörtel und Beton verarbeiten will.

So zeigen die Ergebnise aus einer sehr großen Zahl von Untersuchungen amerikanischer Forscher, daß das Verhältnis von Sand zu Grobzuschlag innerhalb der Grenzen 1:1 bis 1:2 liegen muß, wenn man gut verarbeitbaren Beton (plastisch bis ganz weich) erhalten will.

Der Sand bis zu 7 mm oder nach den neuen deutschen Bestimmungen bis zu 5 mm muß gut abgestuft sein.

Zu vermeiden ist ein übergroßer Gehalt an staubfeinem Sand. Die Untersuchungen haben gezeigt, daß Feinsand bis zu Korngrößen von 0,3 mm in Mengen, die größer sind als 5% des Anteils des gut abgestuftem Sandes, sowohl bei Mörtel als auch bei Beton die Festigkeit vermindert. Bei fetteren Mörtelmischungen als 1:3 soll dieser Betrag entsprechend verringert, bei mageren Mörtelmischungen der Prozentsatz um den Betrag des wegbleibenden Zementes erhöht werden.

Bei Brechsand ist die Siebkurve im Vergleich zu der Siebkurve des Flußsandes etwas nach oben gekrümmt. Dementsprechend ist auch der Feinsandgehalt zu bemessen.

Die Wahl eines richtig abgestuften Sandmaterials, wie sie vorstehend als Bedingung für möglichst große Festigkeiten von Beton gekennzeichnet wurden, hat nach den Ergebnissen der Schwindmessungen einen gleich günstigen Einfluß auf den Schwindprozeß.

Will man die Wasserdurchlässigkeit verringern bei gleichzeitigem Verzicht auf die größtmöglichen Festigkeiten, so wird man den Feinsandgehalt bis zu etwa 15% des gesamten Zuschlags steigern können.

Bei Grobzuschlag über 5 oder 7 mm wird man zwischen Kies und gebrochenem Material zu unterscheiden haben.

Die Ergebnisse der Untersuchungen im Institut an Beton innerhalb der Mischungsverhältnisse 1 : 4 bis 1 : 8 haben gezeigt, daß ein Raumgewicht unter 2,25 bis 2,30 darauf hinweist, daß die Kornzusammensetzung des Zuschlagmaterials nicht gut abgestuft und daher verbesserungsbedürftig ist. Das beste Raumgewicht wird man unter sonst gleichen Verhältnissen erzielen, wenn die Konsistenz zwischen erdfeucht und plastisch ist. Da bei der gleichen Konsistenz der Wasseranspruch von Kies geringer ist als der von Schotter, so wird das Raumgewicht von Kiesbeton unter sonst gleichen Verhältnissen größer sein.

Die Wahl des Wasserzementfaktors (WZF).

Aus allen Untersuchungen hat man die Bedeutung des WZF (Verhältnis von Wasser zu Zement) für die Güte des Betons erkannt.

Es muß daran erinnert werden, daß unsere gewohnten Angaben des Wasserzusatzes in Prozenten der Trockenmischung kein klares Bild von der Beschaffenheit des Betons geben können, wenn nicht gleichzeitig die Kornzusammensetzung dabei zum Ausdruck gebracht wird. Daran kranken alle unsere bisherigen Angaben, weil sie keine Möglichkeit zu Vergleichen bieten. Wir waren gewohnt, als feststehend anzunehmen, daß ein größerer Wasserzusatz geringere Festigkeiten gibt als ein kleiner Wasserzusatz. Wir waren überrascht, wenn wir manchmal bei plastischen Betonmischungen größere Festigkeiten erhalten haben als bei erdfeuchten mit gleichem Mischungsverhältnis. Der Begriff „Wasserzementfaktor" bietet uns die Möglichkeit zu Vergleichen. Er ist ein Ausdruck für die Güte der Kittmasse und damit für die Güte des Betons. Wir müssen daher die Faktoren betrachten, die den WZF beeinflussen:

Die Anreicherung des Zementes im Beton bei gleichem Wassergehalt drückt den WZF herunter und steigert damit die Festigkeit.

Die Abstufung des Zuschlagmaterials beeinflußt, wie gezeigt wurde, die Konsistenz des Betons und damit auch den WZF. Eine Änderung der Körnung wird bei gleicher Konsistenz des Betons eine Änderung des WZF und zugleich der Festigkeit herbeiführen. Sandreiche oder scharfkantige, gebrochene Zuschlagstoffe erfordern mehr Wasser als rundliches Zuschlagmaterial oder richtig abgestufter Sand. Dementsprechend werden bei gleichbleibender Zementmenge unter diesen Umständen die notwendigen Anmachwassermengen größer werden. Der WZF wird gleichfalls wachsen, und die Festigkeit damit verringert werden.

Zu beachten ist ferner, daß ein allzu großer Feinsandgehalt nicht nur mehr Wasser, sondern auch mehr Verkittungsmaterial braucht.

Hat man die Richtigkeit der vorstehenden Leitlinien erkannt, so ergibt sich die für die Anwendung wichtige Folgerung, daß die richtige Bestimmung des Wasserzementfaktors für die Güte von Beton und Mörtel entscheidend ist.

In der Konsistenzprüfung hat man ein gutes Mittel, den WZF bei jedem Bauwerk den wechselnden Zusammensetzungen des Zuschlagmaterials anzupassen und die Gleichmäßigkeit des zu verarbeitenden Betons zu gewährleisten.

Bei der Vergebung von Beton- oder Eisenbetonarbeiten würde es sich daher empfehlen, die Grenzen für den Wasserzementfaktor anzugeben.

Ist Gußbeton wirtschaftlich? Untersuchungen über die Wirtschaftlichkeit von Gußbeton gegenüber Stampfbeton von Dr.-Ing. **L. Baumeister,** Stuttgart. Mit 43 Abbildungen und 14 Tabellen. IV, 102 Seiten. 1927.   RM 7.50

Wasserdurchlässigkeit von Beton in Abhängigkeit von seinem Aufbau und vom Druckgefälle. Von Dr.-Ing. **Gustav Merkle.** Mit 33 Textabbildungen. (Mitteilungen des Instituts für Beton und Eisenbeton an der Technischen Hochschule in Karlsruhe i. B. Leitung: E. Probst, Karlsruhe i. B.) IV, 66 Seiten. 1927.   RM 5.10

Der Zement. Herstellung, Eigenschaften und Verwendung. Von Dr. **Richard Grün,** Direktor am Forschungsinstitut der Hüttenzementindustrie in Düsseldorf. Mit 90 Textabbildungen und 35 Tabellen. IX, 173 Seiten. 1927.
Gebunden RM 15.—

Die Statik des ebenen Tragwerkes. Von Professor **Martin Grüning,** Hannover. Mit 434 Textabbildungen. VIII, 706 Seiten. 1925.
Gebunden RM 45.—

Statik für den Eisen- und Maschinenbau. Von Professor Dr.-Ing. **Georg Unold,** Chemnitz. Mit 606 Textabbildungen. VIII, 342 Seiten. 1925.
Gebunden RM 22.50

Die gewöhnlichen und partiellen Differenzengleichungen der Baustatik. Von Ingenieur Dr. **Fr. Bleich,** Wien, und Professor Ingenieur Dr. **E. Melan,** Wien. Mit 74 Abbildungen im Text. VIII, 350 Seiten. 1927.
Gebunden RM 28.50

Ⓦ **Taschenbuch für Ingenieure und Architekten.** Unter Mitwirkung von Professor Dr. **H. Baudisch,** Wien, Ingenieur Dr. **Fr. Bleich,** Wien, Professor Dr. **Alfred Haerpfer,** Prag, Dozent Dr. **L. Huber,** Wien, Professor Dr. **P. Kresnik,** Brünn, Professor Dr. h. c. **J. Melan,** Prag, Professor Dr. **F. Steiner,** Wien, herausgegeben von Ingenieur Dr. **Fr. Bleich** und Professor Dr. h. c. **J. Melan.** Mit 634 Abbildungen im Text und auf einer Tafel. X, 706 Seiten. 1926.
Gebunden RM 22.50

Taschenbuch für Bauingenieure. Unter Mitwirkung von Fachleuten herausgegeben von Geh. Hofrat Professor Dr.-Ing. e. h. **Max Foerster,** Dresden. Vierte, verbesserte und erweiterte Auflage. Mit 3193 Textfiguren. In zwei Teilen. XVI, 2399 Seiten. 1921.   Gebunden RM 16.—
Ergänzungen zur vierten Auflage des Taschenbuchs für Bauingeniere, betreffend neue deutsche Bestimmungen für den Eisenbetonbau und den Eisenbau vom Jahre 1925. Von Geh. Hofrat Professor Dr.-Ing. e. h. **Max Foerster,** Dresden. Mit 16 Textfiguren. 30 Seiten. 1925.   RM 0.60

Der Bauingenieur in der Praxis. Eine Einführung in die wirtschaftlichen und praktischen Aufgaben des Bauingenieurs von Professor **Theodor Janssen,** Reg.-Baumeister a. D. Zweite, neubearbeitete und erweiterte Auflage. V, 494 Seiten. 1927.   Gebunden RM 23.50

Die mit Ⓦ bezeichneten Werke sind im Verlage von Julius Springer in Wien erschienen.